KB242007

이선혜

인테리어 디자이너((주)파라프 대표). 올리브 오일에 반해 라이프
스타일 그로서리 '오 데 올리바'와 지중해 레스토랑 '빌라 올리바'
를 운영했다. 프랑스에서 유학하고, 프링스인 남편과 함께 일아며,
살림하고, 손님 초대하며 익힌 경험을 담아 <나의 프랑스식 샐러드>,
<나의 프랑스식 오븐 요리>, <나의 로컬 푸드 샐러드>를 펴냈다. 오랜
세월 서울에서 살다가 여수를 거쳐, 작년 봄 지리산 자락 하동에
집을 짓고, 풍경과 어우러져 정원과 텃밭을 누리며 살고 있다.

Crêpes

크레이프

일러두기

· 메뉴는 2인분을 기준으로 했고, 특별한 경우 따로 표기했습니다.

· 크레이프 1장(1인분)은 1국자(50ml) 분량 지름 23~24cm 기준으로 잡았고, 특별한 경우 따로 표기했습니다.

· 크레이프 굽는 기름은 표기했으나 식물성 오일, 버터 등 취향에 따라 골라도 됩니다.

· 1컵은 200ml, 1큰술은 15ml, 1작은술은 5ml 기준입니다.

· 특별한 도구가 필요한 경우 재료 마지막에 밝혀 적었습니다.

나의 프랑스식 팬케이크

Crêpes

크레이프

이선혜 지음

b.read

크레이프라면
배가 불러도 환영이죠!

아, 크레이프. 내 어린 시절, 추억의 크레이프. 크레이프는 최고죠.

저는 '카페 막스(Café Max)'의 오너 셰프이자, '레스토랑 르 39 V(Restaurant LE 39 V)'의 수석 셰프입니다.

수많은 현란한 음식을 만들고 먹어봤지만 여전히 크레이프를 사랑합니다.

크레이프 하면 "저는 설탕이요!" "나는 잼으로요!"라고 외치던 어린 시절이 기억나요. 할머니나 어머니가 크레이프를 만드실 때 그들의 사랑 가득한 눈빛 아래서 우리는 즐거운 목소리로 소리쳤어요.

크레이프 기원은 13세기 브르타뉴의 어떤 여인이 실수로 쿡탑에 반죽을 떨어뜨린 것이라고도 합니다. 기원과 전통과 의미를 떠나 프랑스인 누구나 크레이프를 사랑하죠. 크레이프는 심지어 배가 고프지 않아도 즐길 수 있어요. 저는 지금껏 크레이프나 갈레트를 좋아하지 않는 사람을 본 적이 없어요.

크레이프는 요리를 처음 하는 사람도 쉽게 만들 수 있고, 종류도 무궁무진합니다. 밀가루, 통밀가루, 메밀가루 등으로 만들 수 있고, 단맛과 짠맛도 있고, 다양한 방법과 아이디어를 더할 수도 있어요. 크레이프는 따뜻하거나 차갑게 준비한 음식을 담아내는 멋진 그릇이 될 수도 있고(뭐든지 올려 먹을 수 있다는 뜻이죠!), 어떤 나라에서는 걸쭉한 소스나 마멀레이드 등을 덮는 뚜껑처럼 크레이프를 활용하기도 해요.

크리스마스에서 40일이 지난, 2월 2일 성촉절(Chandeleur)에 프랑스 사람들은 크레이프를 먹어요. 성촉절을 크레이프의 날(Le jour des crêpes)라고 부르기도 하고, "성촉절에 크레이프를 먹으면 행복이 온다"는 속담도 있어요. 이 행사 때 저희 카페 막스에서도 매년 크레이프를 만들고 있습니다.

전통 크레이프부터 새로운 아이디어까지 이선혜 작가의 이 책에 가득 담겨 있습니다.

크레이프는 즐거운 음식이에요. 부디, 즐기세요!

2024년 2월, 파리에서
프레데리크 바르동(Frédéric Vardon)

les crêpes ! Tant de souvenirs ! Souvenirs d'enfants qu[i]

[r]éclament impatiemment. Ah oui des crêpes, moi au sucre et mo[i]

[à l]a confiture. Ce plaisir, qu'il soit sucré ou salé est synonym[e]

[de] partage, d'échange, de fou-rire mais avant tout d'amour et d[e]

[gou]rmandises sous le regard aimant et bienveillant d'une grand[-]

[mè]re ou d'une maman. C'est aussi l'une des premières recettes

[que] l'on réalise et il y a autant de façons de faire qu'il y a d[e]

[per]sonnalités. Enfin c'est un support extraordinaire pour y enfermer

[un]e préparation chaude ou froide. Elle sert de couvert dans

[cer]tains pays pour attraper une sauce épaisse ou une marmelade

[par] exemple. Qu'elle soit crêpe, galette à la farine de froment ou d[e]

[blé] noir, salée ou sucrée, je n'ai jamais rencontré une seule personne

[qu]i n'aimait pas les crêpes. Inutile d'avoir faim pour se régaler d'une

[crê]pe, je dirai même que c'est encore plus jouissif lorsque c'est just[e]

식사, 간식, 디저트가 되는
크레이프

크레이프, 쉽게 말해 프랑스식 팬케이크다. 우리가 출출할 때 부침개 부쳐 먹듯이 프랑스 사람들은 크레이프를 굽는다. 미국의 핫케이크, 멕시코의 토르티야 등 지역마다 조금씩 다르지만 나름의 팬케이크가 있다.

20대의 어느 가을날, 파리 트로카데로 광장에서 크레이프를 처음 보았다. 예쁘게 장식한 작은 푸드 트럭에서, 트럭에 비해 엄청 커다랗고 납작한 둥근 팬에 부침개 같은 것을 얇게 구워 설탕, 누텔라, 초콜릿 시럽, 각종 잼을 올려 팔았다. 나는 엄마 따라 시장에 갔다가 꿀호떡을 만난 아이처럼 군침이 돌았다. 세로로 긴 메뉴판에는 다양한 이름이 적혀 있었는데 내가 모르는 단어가 더 많아 맨 위부터 차례대로 맛보기로 하고 설탕 토핑을 주문했다. 달콤한 설탕을 솔솔 뿌린 따끈한 크레이프를 한 입 베어 물던 순간! 미소가 절로 지어졌다. 잊을 수 없는 맛이었다. 그래서 나는 지금도 크레이프를 구우면 일단 설탕부터 뿌려 한 입 먹는다. 내가 주문한 두 번째 메뉴는 코코넛 토핑 크레이프였는데 그날 난생처음 코코넛을 맛보았고, 코코넛은 나의 최애 식재료가 되었다. 이 글을 쓰면서도 코코넛 비스킷을 씹고 있다.

프랑스에서 학교를 다니면서 크레이프의 신세계를 만났다. 크레이프가 길거리 음식인 줄 알았는데 그게 전부가 아니었던 것이다. 브르타뉴 출신 친구가 몽파르나스의 맛집을 추천해 여럿이 몰려 간 적이 있었다. 골목에는 브르타뉴 크레이프리가 즐비했고, '원조 맛집'이라는 안내를 받으며 어느 레스토랑에 들어갔다. 실내는 손님으로 꽉 차 있었고 달콤한 크레이프처럼 유쾌하고 떠들썩한 분위기였다. 메뉴판은 크레이프(Les Crêpes), 갈레트(Les Galettes), 시드르(Les Cidres) 세 가지로 분류돼 있었다.

'크레이프는 알겠는데 갈레트와 시드르는 뭐지?' 갈레트를 먼저 시키고 디저트로 크레이프를 시키라는 친구의 말을 따랐고, 브르타뉴 전통 사과주인 시드르를 곁들여 먹었다. 시드르는 드링크 파트의 제목이었던 것! 친구가 말하기 전까지 갈레트가 메밀일 것이라고는 전혀 상상하지 못했다. 메밀 하면 우리나라 강원도인데, 프랑스에서 메밀이라니, 반갑고 정겨웠다. 메밀로 만든 크레이프를 갈레트라고 부르고, 주로 식사로 먹는다는 것을 그때 알았다. 갈레트는 본래 척박한 브르타뉴 지방의 토속 음식인데 이제 세계적으로 유명한 별미 건강식이 되었다. 크레이프는 간식부터 식사, 파티 음식까지 어떤 순간에도 어울리는 음식이다.

리옹(Lyon)에 사시는 프랑스 파파 댁에 방문했을 때, 예쁜 테이블보를 깔고 샴페인과 함께 크레이프를 잔뜩

구워 접시 위에 담아주셨던 시아버지. 밤잼만 보면 그때 밤잼을 계속 발라주시던 파파의 모습도 떠오른다.

한국에 돌아와 아들이 유치원 다닐 때 간식으로 크레이프를 구워주었다. 주말에 뒷산으로 산책을 갈 때면 김밥 대신 크레이프를 돌돌 말아 들고 가 산중턱에서 세 식구가 하나씩 들고 먹었던 기억도 난다. 갑자기 찾아온 손님에게도 크레이프 한 장을 뚝딱 구워 설탕과 초콜릿 시럽, 코코넛 플레이크를 쓱 뿌려 대접하곤 했다. 그러면 너무 맛있다며 무엇이냐고 꼭 물어보곤 해서 그때마다 으쓱해지기도 했다.

크레이프의 최고의 매력은 만들기 쉽다는 점. 레시피도 무궁무진하다. 그래서 나는 이 책을 만드는 데 전작인 샐러드 요리책과 오븐 요리책보다 두 배로 많은 시간이 걸렸다. 수많은 레시피 중에서 프랑스인들이 즐겨 먹으며, 우리 입맛에도 맞고, 주변에서 쉽게 구할 수 있는 재료의 레시피를 짜느라 고심했다. 크레이프로 아침, 점심, 디저트, 간식, 파티까지 쉽게 해결할 수 있으니 더욱 책임감을 느꼈던 것 같다. 덕분에 서울에서 여수, 여수에서 다시 하동 땅을 찾아 둥지를 틀기까지, 몇 년을 보내고 나서야 책을 마무리할 수 있었다.

연초에 남편이 프랑스에 다녀오면서, 유명한 셰프를 만나 크레이프에 관한 이야기를 나누고 왔다. 그 셰프 역시 "크레이프는 무궁무진하지! 정말 즐거운 음식이야!" 하면서 기꺼이 크레이프에 관한 찬사의 글을 써주겠노라 했다. 그의 글은 이 책의 서두에 실렸다.

지리산 끝자락에 집을 짓고 뒷마당에 메밀을 심었다. 지난 가을 기대하지도 않았는데 눈처럼 하얀 메밀꽃이 피었고, 옆 마을 밀밭 농장 주인도 알게 됐다. 어쩌면 어느 날 '하동 크레이프리'를 열게 되지 않을까 하는 꿈도 꿔본다. 크레이프는 즉석에서 부쳐 먹는 맛있고 건강한 음식이니까.

책을 낼 때마다 엄마의 잔소리처럼 말하게 된다. 한두 번만 해보면 요령이 생겨서 '나의 레시피'가 되니 맘에 드는 메뉴부터 부디 해보기 바란다.

네 권의 책을 내는 동안 옆에서 한결같이 믿어주고 도와주는 Ch에게 고마운 마음 가득하다. 이번 책에 꼭 사용하고 싶었던 프랑스 건축가 출신의 도예가 말로(Malo)의 그릇을 프랑스에서 골라 공수해주신 무아쏘니에 최 대표님께도 진심으로 감사드린다.

지리산 끝자락 하동 서재마을에서

이선혜

Contents

PART 1

Crêpes aux petits-déjeuners

아침을 위한
크레이프

PART 2

Top 10 des crêpes sucrées préférées en France

프랑스에서
즐겨 먹는 크레이프
Best 10

PART 3

Galettes de Bretagne

브르타뉴 지방의 전통 갈레트

PART 4

Chic, Chic, Crêpe brunch

크레이프로 브런치

PART 5

Crêpes pour un repas gastronomique

디너를 위한 크레이프

PART 6

Apértifs, Desserts, faire la Fête

애피타이저부터 디저트까지, 파티를 위한 크레이프

Basic
Lesson

크레이프 반죽에 정해진 공식은 없다. 밀가루에 따라서 점도 차이도 있고 달걀 개수에 따라 우유나 물의 양도 달라진다. 달걀과 우유의 양이 많을수록 더 부드러워진다. 나는 아침용 크레이프를 만들 때는 달걀을 3개 넣고 (세 식구라서!) 우유의 양으로 반죽 농도를 조절한다. 일반적으로 소금만 넣는데 취향에 따라 설탕이나 우유, 버터를 넣기도 한다. 밀가루는 모든 밀가루를 쓸 수 있으나 박력분으로 만들면 더 부드럽다. 또 반죽을 얇게 부쳐야 부드럽고 맛도 좋다. 기호에 따라서 바닐라에센스, 맥주, 럼주, 시나몬 가루 등을 첨가해 풍미를 더하기도 한다.

밀가루 반죽(지름 23cm 4장)
밀가루(박력분 추천) 4큰술(60g)
달걀 2개
실온 우유 100~150ml
소금 한 꼬집
설탕 1작은술
녹인 버터(생략 가능) 25g

갈레트 반죽(지름 23cm 4장)
메밀가루 4큰술(60g)
달걀 1개
물 100~150ml
소금 한 꼬집

도구
믹싱 볼, 계량컵, 계량스푼, 거품기, 체

밀 가 루

소금

달 걀

우유

반죽하기

1 **체에 내리기** 밀가루나 메밀가루는 체에 한 번 내려 곱게 만든다.

2 **달걀 먼저 풀기** 볼에 담긴 가루의 가운데에 구덩이를 만든 후 소금(또는 설탕)을 뿌리고, 달걀을 깨 넣는다. 거품기로 노른자를 하나씩 터트리면서 가운데부터 천천히 돌려가며 젓는다.

3 **달걀과 가루 섞기** 달걀이 섞이기 시작하면 볼 가장자리에 붙은 가루를 거품기로 쓸어내려 함께 섞는다.

4 **물이나 우유 섞기** 달걀과 가루가 완전히 섞이면 물이나 우유를 원을 그리며 천천히 부어가며 거품기로 계속 저어 덩어리가 풀리면서 반죽이 고와지도록 젓는다. 버터를 넣는다면 이때 넣어 섞는다.

5 **농도 확인하기** 반죽을 완성한 후 국자로 떠서 흘려본다. 부드럽게 주르륵 흘러내리면 적당한 상태다. 그래야 팬에 둘렀을 때 부드럽게 퍼진다. 만일 반죽이 되직하면 우유를 더해 농도를 맞춘다.

6 **숙성하기** 완성된 반죽을 실온에 15~20분 정도 두었다가 굽는다. 그러면 크레이프가 좀 더 부드럽다.

굽기

1 **필링에 따라 기름 정하기** 크레이프에 얹어 먹을 소스나 재료에 따라 맛의 어울림을 고려해 버터를 두를 것인지 식물성 오일을 두를 것인지 결정한다. 나는 연어나 버섯 요리에는 버터를, 채소 요리에는 올리브 오일을 쓴다. 특히 버터를 둘러 구울 때는 불 조절이 중요하다. 센불에 버터를 올리면 타버리기 때문이다. 팬을 달군 후 중불로 내린 후 버터를 팬 가운데 올려 살짝 돌리면서 바로 반죽을 올려 펼친다.

2 **재빨리 돌리기** 반죽을 떠 넣은 후 팬을 재빨리 한두 번 돌려 반죽을 얇게 편다. 크레이프 굽기에 서툴 경우 스프레더로 반죽 위를 놀려 뺑뺑하게 아면 굽기 쉽다. 반죽에 빈틈이 생기면 국지 뒷면으로 남은 반죽을 밀어서 붙이거나 그 타이밍을 놓쳤다면 숟가락으로 반죽을 조금 떠 올리고 숟가락 뒷면으로 얇게 편다.

3 **첫 장으로 농도 체크하기** 밀가루의 점성이나 다른 재료, 가루를 섞는 비율에 따라서 반죽 농도에 차이가 생길 수 있다. 첫 장을 구워보고 되직하면 물이나 우유를 더해 농도를 다시 맞춘다.

4 **고소한 냄새가 나면 뒤집기** 반죽이 익는 맛있는 냄새가 나면 뒤집을 타이밍이다. 반죽이 얇아 금방 익으므로 뒤집고 나서 10초 정도 지나면 바로 꺼내 접시에 담는다.

크레이프
반죽에
알코올 넣기

프랑스 친구가 크레이프를 내며 "우리 할머니 비법인데…" "우리 엄마 레시피인데…"라는 말을 종종 했다. 나의 프랑스 파파(시아버지)도 럼주나 맥주를 넣은 크레이프 비법 레시피를 내게 귀띔해줬다.

크레이프 반죽에 맥주를 넣으면 반죽에 기포가 생겨 질감이 가벼워지며 효모 덕분에 부드러워진다. 또 맥주 특유의 구수한 향이 은은하게 감돈다. 그래서 집에 남은 맥주가 있을 때 반죽에 섞곤 한다. 맥주 애호가이신 서래마을 프랑스 학교 교장 선생님에 따르면 이 반죽법은 맥주를 많이 만드는 북부 지역에서 시작됐다고 한다.

손님이 왔을 때 디저트로 크레이프를 만들며 남편의 보물 창고에서 리큐어를 골라 넣고 크레이프의 향으로 술 종류 맞히기를 하며 시간을 보냈던 즐거운 기억도 있다. 반죽에 알코올을 넣는 이유는 향을 즐기기 위해서다. 아주 작게는 한두 방울, 보통은 5ml(1작은술)에서 많아도 50ml 정도면 충분하다.

맥주 우유양의 4분의 1 정도 맥주를 넣어 반죽하면 질감이 더 부드러워진다.
럼(Rhum) 사탕수수를 주원료로 만들어 단맛이 감돈다.
코냑(Cognac) 청포도로 만든 증류주로 깊은 향과 단맛이 특징이다.
아르마냑(Armagnac) 프랑스의 남서쪽 가스코뉴 지방의 아르마냑에서 생산되는 브랜디인데 프랑스 할머니들은 요리에 코냑 대신 아르마냑을 쓴다.
칼바도스(Calvados) 소설 <개선문>에 등장하는 유명한 술, 노르망디 지방의 사과 증류주로, 깔끔하고 은은한 사과 향이 난다.
그랑 마르니에(Grand Marnier) 오렌지즙과 껍질, 오렌지꽃을 넣어 오렌지 향이 풍부하게 감도는 코냑.
베네딕틴(Bénédictine) 27가지 허브와 향신료가 들어가 다채로운 풍미를 선사한다.
쿠앵트로(Cointreau) 오렌지 껍질로 만든 술로 쌉쌀한 맛이 특징이다.

19

반죽에
풍미를 더하는
나만의 비법

프랑스 할머니들은 음식에 럼을 넣어 풍미를 더한다. 모로코 여행을 갔을 때 호텔 조식에 나온 크레이프에서 오렌지 향이 나기에 물어보니 오렌지 블라섬 워터(orange blossom water)라고 알려줘서 쓰기 시작했다. 독특한 향과 풍미가 있는 재료를 더하면 크레이프가 더욱 특별해진다.

럼과 과일 리큐어 몇 방울 럼을 2큰술 넣거나 그랑 마르니에, 쿠앵트로 등 오렌지 향이 도는 리큐어 1~2작은술 정도를 넣어 기분 좋은 풍미를 더한다.

바닐라 향 바닐라에센스, 바닐라 설탕 등을 넣으면 달콤함에 바닐라 향이 더해져 행복한 맛이 난다.

오렌지 꽃물 오렌지 블라섬 워터. 크레이프 반죽뿐만 아니라 각종 요리, 특히 고기 요리에도 많이 사용한다.

시트러스 계열 과일 오렌지나 감귤, 유자, 레몬 등 시트러스 과일로 다양한 과일 향의 풍미를 내는 방법도 있다. 즙을 짜 넣고, 껍질은 제스트로 만들어 넣는다.

찻잎, 말찻가루 홍차를 우유에 우려 넣거나 말찻가루를 섞어 은은한 녹차 향이 나는 녹색 크레이프를 만든다.

코코아 가루 아이들은 물론 우리 모두 어린 시절로 돌아가게 하는 초콜릿 맛과 향이 나는 크레이프가 완성된다.

더 가볍게
반죽하기

크레이프를 반죽하는 방법은 무궁무진하다. 즉, 정해진 룰은 없다. 전통적으로 밀가루, 메밀가루로 만들었지만 재료가 다양해진 지금은 기호와 체질, 목적에 맞춰 다양하게 시도해볼 수 있다.

가벼운 반죽 밀가루양의 4분의 1 정도 옥수수 전분을 넣어 반죽하고, 버터 대신 식물성 오일을 둘러 굽는다.
글루텐프리 반죽 밀가루 대신 쌀가루나 메밀가루를 쓰고, 우유 대신 아몬드 밀크나 오트밀 밀크를 사용한다.
비건 반죽 달걀 대신 베이킹 소다(달걀 1개에 베이킹 소다 4작은술 비율)를 넣고, 우유는 두유로, 버터는 식물성 오일로 대체한다.

Pan
& Tools

크레이프는 다양한 속 재료를 섞어 굽는 부침개와는 달리 마치 밀전병처럼 반죽을 얇게 구워 낸다. 그래서 크레이프 전용 팬과 뒤집개가 있으면 편리하다.

팬 테두리가 낮은 크레이프 전용 팬을 사용한다. 팬의 크기는 필요에 따라 정하면 되는데 지름 24cm가 무난하다. 4구짜리 에그 팬은 미니 크레이프를 구울 때 활용하기 좋다.

크레이프 스프레더 T자 형태의 도구로 크레이프 만들기에 익숙하지 않을 때 도움이 된다. 크레이프 반죽은 묽어서 팬에 부으면 빠르게 펴지면서 바로 익어버린다. 이때 스프레드로 팬 전체를 훑듯이 돌려 반죽을 펴면 수월하다. 프랑스 크레이프 가게에서도 스프레더를 쓰는데, 상점의 크레이프 팬은 유난히 커서 스프레더가 필수다.

크레이프 뒤집개 크레이프용 뒤집개는 일반 뒤집개와 달리 폭이 좁고 납작하고 길며, 앞부분과 손잡이의 단차가 없이 평평하다. 얇고 넓은 크레이프 아래로 뒤집개를 넣어 한 번에 뒤집기 위해 고안된 형태다.

국자 한 국자에 한 장의 크레이프가 나오는 양을 가늠해 전용 국자를 지정해두면 편하다. 한 국자가 50ml 정도면 지름 24cm 팬에 딱 맞는다.

크레이프에
치즈 매치하기

크레이프와 치즈의 관계는 우리의 밥과 김치에 비유할 수 있을 만큼 어울림이 좋다. 단맛의 디저트 크레이프뿐 아니라 식사용 갈레트까지 치즈가 빠지면 뭔가 허전하다. 특히 갈레트의 고장 브르타뉴는 낙농이 유명해 치즈가 다양하다. 우리나라에도 여러 가지 치즈가 들어와 있는데, 그중 크레이프에 잘 어울리는 치즈를 소개한다.

크림치즈 숙성하지 않고 생크림을 첨가한 치즈로, 매우 크리미하다. 소스, 타르틴, 디저트 등에 두루 활용한다.

에멘탈 치즈 만화 <톰과 제리>에 나오는 치즈처럼 구멍이 숭숭 뚫린 치즈. 부드럽고 크리미하면서도 고소한 맛이 난다. 잘 녹아서 키슈, 그라탱, 크로크 무슈 등에 두루 쓰고, 그뤼예르 치즈와 더불어 소스나 토핑으로도 애용한다.

로크포르 양젖을 푸른곰팡이로 숙성한 치즈로 흔히 블루치즈라 부른다. 크림처럼 부드럽고 촉촉한 질감에 톡 쏘는 풍미가 있어 스테이크 등 고기류에 곁들이면 맛의 어울림이 좋다.

프로마주 셰브르 프랑스 사람들은 '1001개의 염소 치즈(셰브르)의 나라'라는 자부심이 대단하다. 남부 지역 루아르(Loire)에서는 수백 가지의 셰브르가 생산된다. 신선한 크림치즈로도 먹고, 숙성해 향과 풍미를 올린 치즈로도 즐긴다. 크러스트와 크리미한 질감, 특유의 발효된 맛이 매력적이다. 와인, 각종 구운 요리, 허브, 너트, 꿀 등과 함께 즐긴다.

카망베르 치즈 노르망디 지방에서 생산되는 대표적인 소젖 치즈. 부드럽고 껍질에서 푸르스름한 색이 감돌며 버섯 향이 난다. 이 지역에서 생산되는 사과주(시드르)와 특히 잘 어울린다. 키슈, 타르트 등에 쓴다.

콩테 '미식가의 치즈'로 불린다. 질 좋은 목초를 먹고 자란 소의 젖을 응고시켜 바퀴 모양으로 만든 후 오랜 시간 숙성한 치즈로, 구운 과일 향과 풍부한 아로마가 특징이다. 치즈 플래터, 그라탱, 퐁뒤, 수플레를 만들 때 많이 넣고, 요리 위에 갈아 올리기에도 최고다.

프로마주 블랑 우유를 자연 응고시켜 크림과 유청을 제거한 치즈. 매우 부드럽고 코티즈 치즈와 비슷하다. 프랑스에서는 소금과 후춧가루를 살짝 뿌려 디저트로 활용한다.

브리 치즈 파리 동쪽 지역에서 생산되는 치즈로 짜지 않고 부드러워 '치즈의 왕자', '첫 번째 디저트'라고 불린다. 푸르스름한 색 또는 붉은색을 띠고 신선한 버섯 향과 은은한 우유의 향이 난다. 치즈 플래터의 단골 치즈. 빵가루를 입혀 튀기거나 루콜라를 곁들여 먹는다.

chèvre frais

Crème

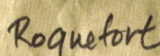

Roquefort

Camenbert

Fromage blanc

Brie

Emmental

Comté

Chèvre

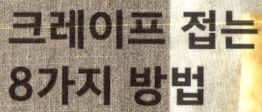

크레이프 접는
8가지 방법

크레이프에 올리는 재료와 소스에 따라,
취향과 기분에 따라,
접는 방법을 달리해 연출한다.

반원으로 접기

좌우를 접어 타원형 만들기

사방을 접어
정사각형 만들기

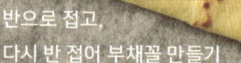

반으로 접고,
다시 반 접어 부채꼴 만들기

오므려 유어 주머니 모양 만들기

차곡 자선으로 접고
아래 부분을 3분의 1 접어 올리기

김밥처럼 돌돌 말기

삼면을 접어 세모 모양 만들기

Crêpe
Questions

Q1 크레페가 아니라 크레이프예요?
A 'crêpe'는 명사라서 크레페로 절대 발음되지 않고, 언제나 크레이프가 맞아요. 아마도 프랑스어가 일본을 통해 들어오면서 혼동된 것이라 짐작돼요.

Q2 크레이프는 달콤한 크레이프(수크레, sucré)와 짭짤한 크레이프(살레, salé)가 있다고 들었어요.
A 달콤한 크레이프는 주로 디저트나 간식용으로 만들고 반죽에 설탕을 넣어요. 이때 시나몬 가루를 약간 넣어도 풍미가 좋고, 버터를 둘러 구우면 무엇도 대신할 수 없는 버터만의 풍미를 즐길 수 있어요. 짠 크레이프는 주로 식사용이고, 일반적으로 반죽에 소금만 넣는데 필링이나 토핑 맛에 따라 우유나 버터, 달걀을 넣기도 해요.

Q3 갈레트도 크레이프인가요?
A 메밀가루로 만드는 크레이프를 구분해 갈레트(galette)라고 불러요. 메밀은 섬유질이 있어 포만감이 있고 각종 영양소도 풍부하지요. 갈레트는 주로 식사용으로 먹고 특히 비건, 채식주의자들도 선호해요. 달걀, 우유, 버터 없이 갈레트를 만들기도 하기 때문이에요. 소금과 물로만 반죽해 식물성 오일을 둘러 굽는 거지요. 시판 순메밀가루(메밀 100%)는 담백하고 구수한 맛이 좋은데 점성이 낮아서 달걀을 섞어 반죽하거나 감자 전분, 옥수수 전분을 조금 넣어서 반죽해야 부치기 쉬워요. 시판 메밀 부침가루는 현미와 보리, 밀가루, 전분이 섞여 있어 물만 넣고 반죽해도 됩니다. 여기에도 달걀을 넣으면 식감이 부드러워져요. 요즘은 건강을 위해 프랑스 사람들도 크레이프를 메밀가루로 만드는 경우가 많아요. 간식도 메밀가루를 섞어 크레이프를 구워 건강식으로 먹곤 해요.

Q4 반죽을 계속 저어도 덩어리가 남아 있어요.
A 한꺼번에 넣거나 급하게 섞으면 그럴 수 있어요. 이때는 핸드 블렌더나 믹서를 이용해 살짝 갈아서 섞으세요.

Q5 반죽을 한꺼번에 만들어놓고 써도 되나요?
A 반죽은 며칠 냉장 보관할 수 있어요. 물론 바로 만들어 굽는 것이 더 맛있어요. 냉장고에 두면 반죽이 숙성되면서 되직해지는데 이때 물이나 우유로 농도를 맞추세요.

Crêpe
Sauces

베샤멜 소스

밀가루 1/4컵, 버터 50g, 우유 2 1/2컵, 소금 1작은술, 후춧가루 약간

1 냄비에 버터를 올려 중불에서 녹인 후 밀가루를 조금씩 넣어가며 섞는다. 2 ①이 잘 섞이면 약불로 내리고 우유를 조금씩 부어가며 거품기로 잘 섞는다. 3 ②를 중불로 올린 후 계속 저어 소스의 농도가 걸쭉하게 되면 소금을 넣는다. 4 끓기 시작하면 타지 않도록 간간이 저어가면서 10분 정도 끓인다. 이때 파르메산 치즈, 그뤼예르 치즈 등을 넣고 끓여도 풍미가 깊어진다. 5 마지막에 후춧가루를 뿌려 마무리한다. 냉장 보관 후 쓸 때는 물이나 우유를 넣어 농도를 맞추며 끓인 다음 다시 간을 맞춘다.

솔티드 버터 캐러멜 소스

흑설탕 100g, 가염 버터 40g, 생크림 20g

1 생크림은 실온에 꺼내두고, 냄비에 설탕을 넣어 중불에서 젓지 않고 그대로 녹인다. 2 ①의 냄비에 버터를 조금씩 첨가해 녹인 후 생크림을 붓고 덩어리가 지지 않도록 거품기로 젓는다. 3 ②의 재료가 균일하게 섞이면 5분 정도 저은 후 불을 끄고 완전히 식혀 병에 담는다.

크렘 드 마롱

삶은 밤 450g(깐 밤 250g 분량), 물 1컵, 설탕 120g(또는 아가베 시럽 60ml와 설탕 60g), 바닐라에센스 1작은술(또는 바닐라빈 1개), 소금 한 꼬집

1 잘 익은 밤을 삶아 껍질을 벗긴 후 믹서에 곱게 간다. 2 냄비에 물, 설탕, 바닐라에센스를 모두 넣고 5분 정도 끓여 시럽을 만든다. 3 다른 냄비에 ①의 밤 페이스트를 넣고 ②를 부어 섞은 후 약불로 20분 정도 끓여 병에 담는다. 만일 바닐라빈을 쓴다면 ②에서 넣지 않고 이 과정에서 넣고 끓여 꺼낸 후 병에 담는다.

레몬 소스

설탕 120g, 물 1/3컵, 레몬 2개(또는 레몬 1개와 레몬주스 5~6큰술), 버터 1큰술

1 냄비에 설탕, 물을 담고 잘 섞은 후 중불로 황금빛이 날 때까지 졸인다. 2 레몬은 깨끗이 씻어 1개의 껍질로 제스트를 만들고, 2개 모두 즙을 짠다. 3 ①의 냄비에 레몬즙과 버터를 넣고 약불에서 저어가며 섞은 후 불을 끈다. 버터를 넣으면 깊은 풍미의 소스가 되고, 이때 버터를 생략하면 상큼한 소스가 된다. 4 ③에 레몬 제스트를 넣고 잘 섞은 후 실온에서 식혀 완성한다.

오렌지 소스

오렌지 2개, 버터 120g, 설탕 1/2컵, 오렌지주스(또는 오렌지즙) 1/2컵, 오렌지 리큐어 1/3컵

1 오렌지를 소금이나 베이킹 소다로 문질러 깨끗이 씻은 후 껍질로 제스트를 만든다. 2 오렌지의 속살만 발라 믹서에 간다. 3 큰 팬에 ①의 오렌지 제스트, ②의 오렌지주스와 버터, 설탕을 넣고 중불에서 섞어가며 끓인다. 4 ②의 재료들이 잘 섞이면 오렌지 리큐어를 넣고 약불에서 저어가며 15분 정도 끓여 시럽을 완성한다. 5 크레이프를 굽는 동안 소스가 식지 않도록 아주 약한 불로 줄여두었다가 크레페에 곁들인다. 오렌지 소스는 냉장고에서 일주일 정도 보관할 수 있다.

시나몬 슈거 버터

실온 버터 60g, 설탕 2큰술, 시나몬 가루 2작은술, 소금 한 꼬집

1 볼에 버터를 담고 시나몬 가루를 뿌린 후 설탕과 소금을 솔솔 뿌린다. 2 ①을 핸드 믹서로 2~3분 정도 섞어 부드럽게 만든 후 맛을 보고 설탕이나 시나몬 가루를 더한다. 3 병에 담아 실온 또는 냉장 보관한다.

PART
1

아침을 위한
크레이프

Crêpes aux petits-déjeuners

시나몬
애플 콩피
크레이프

가을 사과 철이 되면 싸고 맛있는 사과를 듬뿍 사다가 시나몬 애플 콩피를 만든다. 콩피라고 부르지는 않았지만 감기 기운이 있을 때면 엄마가 사과조림을 만들어 주셨다. 진한 사과조림의 달콤함은 추위에 움츠러든 마음까지 풀어준다. 이런 '솔(soul) 레시피'는 국적이 없나 보다.

Ingredients

크레이프 반죽(14쪽 참조) 2국자
올리브 오일 약간

사과 4개
설탕 40g
버터 1큰술
계핏가루 1/2큰술
물 1/2컵
소금 한 꼬집
민트잎 적당량

Cooking

1 사과는 껍질을 깎고 속을 파낸 후 사방 0.5~1cm 크기로 깍둑썰기한다.

2 ①을 냄비에 담고 설탕을 뿌려 30분 정도 실온에 둔다.

3 ②의 냄비를 불에 올려 설탕이 조금씩 녹기 시작하면 버터와 계핏가루, 물을 넣고 잘 섞이도록 젓는다.

4 1분 정도 끓이다가 중불로 낮추고 소금을 한 꼬집 넣는다. 10분 정도 더 익혀서 원하는 농도를 맞춰 애플 콩피를 완성한다.

5 달군 팬에 올리브 오일을 두르고 반죽을 올려 크레이프 2장을 굽는다.

6 접시에 크레이프를 1장씩 펼쳐 담은 후 ④를 2큰술 정도씩 올린다. 원하는 모양으로 접고 민트잎을 넉넉히 뿌려 낸다.

Tip 시나몬 애플 콩피를 듬뿍 만들어 냉장고에 넣어두면 겨울 내내 다양하게 즐길 수 있다. 사과 크기는 취향대로 조절하면 된다. 콩피의 농도가 걸쭉한 것이 좋으면 ④의 과정에서 옥수수 전분 1작은술과 물 1큰술을 섞어 넣고 잘 섞으면 된다. 조린 사과를 핸드 블렌더로 갈면 스프레드가 된다.

37

리코타 치즈
블루베리
크레이프

블루베리는 손질을 할 것이 없는 과일이라 바쁜 아침에 더욱 좋다. 크레이프 반죽을 미리 만들어두면 달걀프라이보다 쉽게 차릴 수 있는 아침 메뉴다.

Ingredients

크레이프 반죽(14쪽 참조) 2국자
버터 약간

블루베리 한 줌
리코타 치즈 2큰술
구운 잣 약간

Cooking

1 달군 팬에 버터를 놓고 녹인 후 반죽을 올려 크레이프 2장을 굽는다.

2 크레이프를 접시에 1장씩 담아 원하는 모양으로 접고, 리코타 치즈를 1큰술씩 올려 숟가락 뒷면으로 펴 바른다.

3 블루베리를 소담하게 올리고 구운 잣을 솔솔 뿌려 낸다.

Tip 이 메뉴는 집에 있는 제철 과일로 얼마든지 응용할 수 있다. 리코타 치즈를 크림 치즈나 그릭 요구르트로 대체해도 된다.

Crêpe au fromage ricotta et myrtilles

39

오믈렛
크레이프

아침 식사의 대표적인 메뉴는 달걀 요리일 것이다. 바삭한 토스트나 바게트 대신 크레이프를 구워 오믈렛을 곁들이면 식감도 부드럽고 속도 편하다.

Ingredients

크레이프 반죽(14쪽 참조) 2국자
올리브 오일 약간

시금치 30g
표고버섯 2개
베이컨 2줄
올리브 오일 2큰술
달걀 4개
사워크림 2큰술
고수잎(또는 파슬리) 적당량
소금·통후추 약간씩

팬 2개

Cooking

1 시금치는 소금을 넣고 살짝 데쳐 찬물에 식힌 후 물기를 꼭 짜 한 입 크기로 자른다. 고수잎은 씻어둔다.

2 표고는 젖은 종이 타월로 먼지를 닦아 5mm 두께로 슬라이스하고, 베이컨은 3~4등분한다.

3 팬을 달궈 올리브 오일을 약간 두르고 반죽을 올려 크레이프 2장을 구운 후 불을 끈 다음 식지 않도록 팬 위에 그대로 둔다.

4 다른 팬을 달궈 올리브 오일 2큰술을 두른 후 ②의 표고를 볶다가 익기 시작하면 달걀을 깨서 올린 후 달걀흰자가 반쯤 익으면 나무 뒤집개로 노른자와 섞는다.

5 달걀을 자르듯이 끊어 익히다가 ①의 시금치를 넣고 골고루 섞은 후 팬 한쪽으로 밀어두고 베이컨을 올려 굽는다.

6 접시에 ③의 크레이프를 올려 반으로 접고 ⑤의 오믈렛과 베이컨을 담은 후 고수잎을 찢어 뿌린다.

7 사워크림에 통후추를 갈아 뿌려 곁들여 낸다.

Crêpe omelette aux épinards, lardons et champignons

Tip

팬을 2개 준비해 구운 크레이프를
팬 위에 각각 올려두면 따듯하게
낼 수 있다. 달걀을 팬에 바로 깨
넣으면 간편한데 익숙지 않다면
볼에 풀어서 넣는다. 이때는 팬에
조금씩 부어가면서 나무젓가락으로
살살 돌리며 익힌다.

양배추 샐러드
크레이프

식구 적은 집에서 양배추 한 통은 부담스럽다. 그래서 나는 반 통은 가늘게 채 썰어 소금 간에 올리브 오일로 버무려 샐러드로 만들고, 반은 다른 요리에 활용한다.

Ingredients

크레이프 반죽(14쪽 참조) 2국자
올리브 오일 약간

양배춧잎 2장
적양배추 약간
소금 한 꼬집
파슬리 약간
올리브 오일 1큰술
사과 식초 1작은술
레몬 1/2개
민트잎 한 줌

Cooking

1   양배추와 적양배추는 곱게 채 썰어 볼에 담고 소금을 한 꼬집 뿌린 후 숟가락 2개로 살살 섞어둔다.

2   파슬리는 다져서 올리브 오일 1큰술과 식초 1작은술을 넣고 골고루 섞는다.

3   달군 팬에 올리브 오일을 약간 두르고 반죽을 올려 크레이프 2장을 굽는다.

4   접시에 크레이프를 1장씩 펼쳐 담은 후 ①의 양배추 샐러드를 가운데에 소담하게 올리고 민트잎을 듬뿍 뿌린다. 레몬의 즙을 짜서 고루 둘러 낸다.

Tip   민트는 가장 키우기 쉬운 허브다. 작은 민트 화분 하나를 키우면 여기저기 쓰기 좋다. 겨울에는 양배추 샐러드 대신 양배추에 올리브 오일을 둘러 살짝 구워 곁들여도 좋다.

43

노르웨이식
달콤한 감자
크레이프

파리에서 어학을 공부하던 시절, 학기 말 파티에 노르웨이 친구가 감자 크레이프를 들고 왔다. 우리의 감자전과 비슷해 친근하기도 했고, 버터와 감자의 조화가 몸과 마음을 위로해주는 것만 같았다.

Ingredients

✎

감자 2개
물 2컵
밀가루 1/2컵
우유 1/2컵
실온 버터 약간
설탕 1~3큰술(기호에 따라 조절)
소금 1작은술
올리브 오일 약간

✎

시나몬 슈거 버터(33쪽 참조)
적당량

Cooking

1   감자는 껍질을 깎아 4~6등분한 후 냄비에 물 2컵을 넣고 부드럽게 삶는다. 삶은 물과 함께 바로 매셔나 숟가락을 이용해 으깬 다음 식힌다.

2   으깬 감자에 밀가루를 체로 쳐 넣고 버터와 설탕, 소금을 넣은 후 우유를 조금씩 넣으면서 거품기로 골고루 섞는다. 물이나 우유를 더해 농도를 조절하는데, 보통 크레이프 반죽보다 약간 되직하게 한다.

3   달군 팬에 올리브 오일을 두르고 ②의 반죽을 올린 후 중불로 바닥이 바삭하게 익을 때까지 2장을 구워 접시에 각각 담는다.

4   ③의 크레이프에 시나몬 슈거 버터를 발라 낸다.

Tip   으깬 감자가 식기 전에 밀가루를 넣으면 익으면서 뭉쳐버릴 수 있다. 반죽이 묽으면 부드럽고, 약간 되직하면 굽기 쉽다.

Crêpe norvégienne sucrée aux pommes de terre

45

북유럽식
오트밀
크레이프

오트, 즉 귀리를 납작하게 가공한 것을 오트밀이라고 하고, 귀리죽도 오트밀이라고 부른다. 오트밀은 특히 북유럽 사람들이 아침 식사로 즐겨 먹는 식재료다.

Ingredients

오트밀 1컵(100g)
우유 1/2컵
달걀 1개
소금 1작은술
버터(또는 올리브 오일) 약간

바나나·키위·삶은 달걀 1개씩
그라나파다노 치즈·메이플 시럽
적당량
세이지(또는 허브잎) 약간

Cooking

1   오트밀을 믹서에 슬쩍 갈다가 우유, 달걀, 소금을 같이 넣고 곱게 갈아 볼에 옮긴다. 그대로 15분 정도 두면 골고루 잘 섞이면서 숙성돼 부드러워진다.

2   달군 팬에 버터나 올리브 오일을 살짝 두르고 ①의 반죽을 올려 중불로 크레이프를 노릇하게 2장을 구워 접시에 각각 담는다.

3   바나나와 키위는 한 입 크기로 잘라 ②의 크레이프 위에 각각 올리고 삶은 달걀도 반씩 잘라 올린다.

4   필러나 그레이터로 그라나파다노 치즈를 갈아서 올리고 메이플 시럽을 두른다.

5   세이지나 민트 등 허브를 올려 낸다.

47

오트밀을 믹서에 슬쩍 갈거나 절구에 빻아 병에 담아두었다가
크레이프 반죽을 만든다. 밀가루나 메밀가루에 한 줌씩 섞어 구워도 된다.

케일과 버섯을 넣은
건강식 크레이프

우리나라 부침개처럼 브르타뉴 지방에서는 전통적으로 갈레트에 케일과 버섯을 올려 먹는다. 나는 마치 우리의 부침개처럼 크레이프 반죽에 집에 있는 채소, 버섯을 섞어 구워 먹곤 한다.

Ingredients

크레이프 반죽(14쪽 참조) 2국자
올리브 오일 약간

케일잎 2~3장
표고버섯 2~3개
사워크림 2큰술

Cooking

1   케일은 씻어서 3~4cm 폭으로 썰고, 표고버섯은 얇게 슬라이스한다.

2   크레이프 반죽에 ①의 재료를 넣고 골고루 섞는다.

3   달군 팬에 올리브 오일을 두르고 ②의 반죽을 올려 최대한 얇게 2장을 구워 접시에 담는다.

4   따뜻할 때 사워크림을 곁들여 낸다.

Tip   반죽의 농도가 묽어야 얇게 부치기 좋다. 사워크림 대신 크림치즈나 꿀을 곁들여도 어울린다.

Crêpe saine au chou kale, champignons et crème fraîche

51

PART
2

프랑스에서
즐겨 먹는 크레이프
Best 10

Top 10 des crêpes sucrées préférées en France

설탕 솔솔 뿌려 먹는
No.1 크레이프

이 크레이프를 '넘버원'이라고 하는 이유는 빨리 만들 수 있어서다. 아들이 어릴 때 주말마다 양재동 우면산에 올랐다. 김밥 대신 싸 간 롤 크레이프를 먹고 있으면 사람들이 신기하게 바라보던 추억이 떠오른다.

Ingredients(4인분)

크레이프 반죽(14쪽 참조) 4국자
버터(또는 식물성 오일) 약간

설탕 4~8작은술(취향대로 조절)

Cooking

1 재료를 분량대로 섞어 크레이프 반죽을 만든다.
2 달군 팬에 버터를 녹인 후 반죽 1국자를 중앙에 붓고 팬을 들어서 돌려가며 얇게 편다. 틈이 생긴 곳은 국자 뒷면으로 살짝 돌리며 붙이거나 크레이프 스프레더를 대고 돌려서 채운다.
3 가장자리가 익어 팬에서 떨어지기 시작하면 뒤집개를 사용해 뒤집는다. 같은 방법으로 3장을 더 굽는다.
4 구운 크레이프를 접시에 1장씩 담아 전체에 설탕을 솔솔 뿌린다. 김밥 말듯이 끝에서부터 돌돌 만 후 먹기 좋은 크기로 2~3등분해 낸다.

Crêpe sucrée classique ou La crêpe sucrée par excellence

Tip

돌돌 말지 않고 펼쳐서 낼 경우 크레이프를 구워 1장씩 올리면서
설탕을 조금씩 뿌리는 과정을 반복해 쌓아 낸다.

프레시 레몬
크레이프

프랑스로 출장을 갔다가 니스(Nice)에 사는 친구 집에서 하루를 머물렀다. 다음 날 늦잠을 자고 일어나니 친구가 상큼한 레몬을 듬뿍 짜고 정원에서 따온 민트잎을 가득 올린 크레이프를 아침으로 내주었다. 그 광경을 보자마자 피로가 풀리는 듯했다.

Ingredients(4인분)

크레이프 반죽(14쪽 참조) 4국자
럼(또는 그랑 마르니에) 0.5ml
버터 약간

레몬 1개
설탕 적당량
레몬 소스(31쪽 참조) 적당량
민트잎 3~4장

Cooking

1 분량대로 준비한 크레이프 반죽 재료에 럼이나 그랑 마르니에를 넣고 섞는다.

2 레몬은 껍질을 깨끗이 씻어 제스트를 만든다. 민트잎은 씻어둔다.

3 달군 팬에 버터를 올려 녹인 후 반죽 1국자를 중앙에 붓고 팬을 들어서 돌려가며 얇게 편다. 틈이 생긴 곳은 국자 뒷면으로 살짝 돌리며 붙이거나 크레이프 스프레더를 대고 돌려서 채운다.

4 가장자리가 익어 팬에서 떨어지기 시작하면 뒤집개를 사용해 뒤집는다. 같은 방법으로 3장을 더 굽는다.

5 구운 크레이프를 부채꼴로 접어 접시에 담고 설탕을 솔솔 뿌린 후 레몬 소스를 뿌린다. 마지막으로 ②의 레몬 과육을 4등분해 즙을 짜서 빙 돌리며 뿌린다.

6 ②의 레몬 제스트와 민트잎을 올려 낸다.

 Tip 레몬이 많을 때는 레몬 소스를 만들어두거나 레몬즙과 레몬 제스트를 만들어 냉동해두세요.

Crêpe au zeste de citron frais

59

프랑스인이
좋아하는
과일잼 크레이프

프랑스 사람들이 특히 즐겨 먹는 잼이 산딸기잼과 살구잼이다. 살구잼의 새콤한 맛은 침이 고일 듯 미각을 깨워주고, 딸기잼보다 진한 산딸기잼은 맛에 활기를 더한다.

Ingredients(4인분)

크레이프 반죽(14쪽 참조) 4국자
버터 약간

블루베리잼·산딸기잼·살구잼·
계절 과일 약간씩

Cooking

1   재료를 분량대로 섞어 크레이프 반죽을 만든다.

2   달군 팬에 버터를 녹인 후 반죽 1국자를 중앙에 붓고 팬을 들어서 돌려가며 얇게 편다. 틈이 생긴 곳은 국자 뒷면으로 살짝 돌리며 붙이거나 크레이프 스프레더를 대고 돌려서 채운다.

3   가장자리가 익어 팬에서 떨어지기 시작하면 뒤집개를 사용해 뒤집는다. 같은 방법으로 3장을 더 굽는다.

4   구운 크레이프를 원하는 모양으로 접어 접시에 담은 후 잼을 올리고 과일을 곁들여 낸다.

Tip   계절 과일뿐 아니라 그릭 요구르트나 사워크림을 같이 내도 어울림이 좋다. 디저트로 먹을 때는 바닐라 아이스크림을 곁들인다.

Crêpes avec confiture d'abricots, de framboises et de myrtilles

61

꿀과 호두를
곁들인 크레이프

프랑스인들은 아침 식사나 디저트로 이 크레이프를 즐겨 먹는다. 남편 크리스티앙의 '최애' 크레이프이기도 하다. 프랑스는 기후가 좋아 꽃과 꿀벌이 풍부한 덕에 식품점에 가면 작은 병에 든 다양한 종류의 꿀을 맛보는 재미가 있다.

Ingredients(4인분)

크레이프 반죽(14쪽 참조) 4국자
버터 약간

꿀·호두·슈거 파우더 약간씩

Cooking

1   재료를 분량대로 섞어 크레이프 반죽을 만든다.

2   달군 팬에 버터를 녹인 후 반죽 1국자를 중앙에 붓고 팬을 들어서 돌려가며 얇게 편다. 틈이 생긴 곳은 국자 뒷면으로 살짝 돌리며 붙이거나 크레이프 스프레더를 대고 돌려서 채운다.

3   가장자리가 익어 팬에서 떨어지기 시작하면 뒤집개를 사용해 뒤집는다. 같은 방법으로 3장을 더 굽는다.

4   구운 크레이프를 1장씩 접시에 담고 꿀을 바른다. 호두를 올리고 슈거 파우더를 뿌려 따뜻할 때 먹는다.

 Tip   꿀과 치즈는 의외로 잘 어울린다. 크림치즈, 리코타 치즈처럼 부드러운 치즈 위에 꿀을 올려도 맛있다.

Crêpe au miel et noix

63

브르타뉴식
솔티드 버터 캐러멜
크레이프

'단짠단짠', 브르타뉴 지방에서는 반가염(demi sel) 버터로 만든 크리미한 캐러멜을 스프레드로 많이 활용한다. 크레이프뿐 아니라 토스트, 와플, 머핀, 마카롱에 발라 먹어도 잘 어울린다.

Ingredients(4인분)

크레이프 반죽(14쪽 참조) 4국자
버터 약간

솔티드 버터 캐러멜 소스
(30쪽 참조, 시판 캐러멜 시럽도
가능) 적당량

Cooking

1 재료를 분량대로 섞어 크레이프 반죽을 만든다.
2 달군 팬에 버터를 녹인 후 반죽 1국자를 중앙에 붓고 팬을 들어서 돌려가며 얇게 편다. 틈이 생긴 곳은 국자 뒷면으로 살짝 돌리며 붙이거나 크레이프 스프레더를 대고 돌려서 채운다.
3 가장자리가 익어 팬에서 떨어지기 시작하면 뒤집개를 사용해 뒤집는다. 같은 방법으로 3장을 더 굽는다.
4 구운 크레이프를 1장씩 접시에 담고 캐러멜 소스를 고루 발라 낸다.

 Tip 크레이프 위에 구운 슬라이스 아몬드를 뿌리거나 바닐라 아이스크림을 곁들여도 잘 어울린다.

Crêpe bretonne au caramel beurre salé

65

오렌지 소스를 곁들인 크레이프 수제트

크레이프 수제트(crêpe suzette)는 소박한 크레이프에 클래식한 오렌지 소스를 곁들여 고급스럽게 변신시킨 메뉴다. 학생 시절 파리의 레스토랑에서 수제트 플랑베(suzette flambée, 수제트는 달콤한 오렌지 소스, 플랑베는 알코올을 넣고 화력으로 알코올을 날리는 요리)를 비싼 값을 치르면서 질리도록 사 먹었던 기억이 난다.

Ingredients(4인분)

크레이프 반죽(14쪽 참조) 4국자
버터 약간

오렌지 2개
오렌지 소스(32쪽 참조) 적당량
레몬즙 1작은술

Cooking

1 재료를 분량대로 섞어 크레이프 반죽을 만든다.

2 달군 팬에 버터를 녹인 후 반죽 1국자를 중앙에 붓고 팬을 들어서 돌려가며 얇게 편다. 틈이 생긴 곳은 국자 뒷면으로 살짝 돌려 붙이거나 크레이프 스프레더를 대고 돌려서 채운다.

3 가장자리가 익어 팬에서 떨어지기 시작하면 뒤집개를 사용해 뒤집는다. 같은 방법으로 3장을 더 굽는다.

4 오렌지는 껍질을 깨끗이 씻어 제스트를 만든다.

5 크레이프를 전통적인 방법으로 각각 4등분으로 접는다.

6 팬에 오렌지 소스 4큰술을 담고, 4등분으로 접은 크레이프를 올린다. 중불에서 서서히 데우다가 ④의 오렌지 제스트와 레몬즙을 넣고 좀 더 졸인 후 오렌지 소스를 곁들여 낸다.

Crêpe suzette à la sauce orange et flambée au Grand Marnier

67

Tip

오렌지 소스가 없을 때는 팬에 설탕을 넣은 후 젓지 말고 중불로 녹여
캐러멜화한 다음 불을 끄고 오렌지주스를 조금씩 추가해 조심스레 저어 잘 섞어 쓰면 된다.
오렌지 마멀레이드를 대신 활용해도 좋다.
알코올은 주로 럼이나 브랜디를 쓴다.

헤이즐넛
초콜릿 스프레드
크레이프

헤이즐넛 초콜릿 스프레드, '누텔라'! 아이부터 어른까지 부드럽고 고소한 누텔라를 누가 거부할 수 있을까? 30년 전 프랑스에서 기숙사 방에 떨어지지 않게 두면서 무척 즐겨 먹었다. 이제 시간 여유도 있어 초콜릿 맛이 나면서 칼로리가 적은 누텔라를 집에서 만들어 먹곤 한다.

Ingredients

크레이프 반죽(14쪽 참조) 2국자
버터 약간

누텔라(시판용 또는 홈메이드)
적당량
구운 헤이즐넛 약간

Cooking

1 달군 팬에 버터를 녹인 후 반죽 1국자를 중앙에 붓고 팬을 들어서 돌려가며 얇게 편다. 틈이 생긴 곳은 국자 뒷면으로 살짝 돌리며 붙이거나 크레이프 스프레더를 대고 돌려서 채운다.

2 가장자리가 익어 팬에서 떨어지기 시작하면 뒤집개를 사용해 뒤집는다. 같은 방법으로 1장을 더 굽는다.

3 크레이프 1장을 접시에 올린 후 누텔라를 바른다. 나머지 크레이프 1장을 접어서 올린 다음 누텔라를 바르고 헤이즐넛을 칼등이나 망치로 살살 깨서 뿌려 낸다.

Tip 헤이즐넛과 커버처 밀크초콜릿, 설탕, 코코아 가루를 섞어 홈메이드 누텔라를 만들 수 있다. 껍질 깐 헤이즐넛(200g)을 볶은 다음 중탕으로 녹인 밀크초콜릿(100g)과 함께 푸드 프로세서에 간 후 설탕(100g), 코코아 가루(15g), 소금(한 꼬집), 바닐라에센스(5ml)를 넣고 잘 섞는다.

Crêpe au chocolat et noisettes

구운 바나나 초콜릿 크레이프

바나나를 구우면 단맛이 올라와서 아이들이 정말 좋아한다. 아들이 어린 시절 가장 즐겨 먹던 간식이라 아마도 1천 장은 구웠던 것 같다. 구운 바나나 위에 초콜릿 소스를 뿌리면 아이들에게 인기 최고.

Ingredients

크레이프 반죽(14쪽 참조) 2국자
버터 약간

바나나 1개
설탕 1큰술
초콜릿 시럽 적당량
아몬드 플레이크·슈거 파우더
약간씩
버터 1큰술

Cooking

1 재료를 분량대로 섞어 크레이프 반죽을 만든다.

2 달군 팬에 버터를 녹인 후 반죽 1국자를 중앙에 붓고 팬을 들어서 돌려가며 얇게 편다. 틈이 생긴 곳은 국자 뒷면으로 살짝 돌리며 붙이거나 크레이프 스프레더를 대고 돌려서 채운다.

3 가장자리가 익어 팬에서 떨어지기 시작하면 뒤집개를 사용해 뒤집는다. 같은 방법으로 1장을 더 굽는다.

4 구운 크레이프를 1장씩 접시에 올리고 원하는 모양으로 접는다.

5 껍질 벗긴 바나나를 세로로 길게 자른다.

6 달군 팬에 아몬드 플레이크를 갈색이 나도록 살짝 볶는다.

7 달군 팬에 버터 1큰술을 올리고 ⑤의 바나나를 올린다. 버터가 녹으면서 바나나 향이 올라오면 불을 낮추고 바나나에 설탕을 솔솔 뿌려 앞뒤로 노릇하게 굽는다.

8 ④의 접시에 구운 바나나를 각각 올리고 초콜릿 시럽을 모양내 두른다. 아몬드 플레이크를 올리고 슈가 파우더를 뿌려 낸다.

Crêpe choco-banane

Tip

바나나는 너무 익어 물러진 것보다
적당히 익은 것이 좋다. 크기가 작고
구부러진 형태가 굽기 쉬우며
팬에 바나나를 올리고
설탕을 뿌린 후 불을 끄고 30분
정도 매리네이드했다가 구우면
맛이 더욱 좋아진다.

73

크렘 드 마롱
크레이프

크렘 드 마롱(crème de marrons)은 프랑스에서 별미인 밤잼인데, 특히 가을이 되면 풍요로운 밤 맛이 우리 입맛에도 아주 익숙한 듯 잘 어울린다. 몇 년 전부터 가을이면 밤을 잔뜩 사서 넉넉히 만들어 저장해두며 먹고 있는데, 1년 내내 먹을 수 있어서 참 행복하다.

Ingredients(4인분)

✎
크레이프 반죽(14쪽 참조) 4국자
버터 약간

✎
크렘 드 마롱(시판 밤잼) 적당량

Cooking

1   재료를 분량대로 섞어 크레이프 반죽을 만든다.
2   달군 팬에 버터를 녹인 후 반죽 1국자를 중앙에 붓고 팬을 들어서 돌려가며 얇게 편다. 틈이 생긴 곳은 국자 뒷면으로 살짝 돌려 붙이거나 크레이프 스프레더를 대고 돌려서 채운다.
3   가장자리가 익어 팬에서 떨어지기 시작하면 뒤집개를 사용해 뒤집는다. 같은 방법으로 3장을 더 굽는다.
4   접시에 크레이프를 1장씩 담고 밤잼을 바른 후 반으로 접거나 원하는 모양으로 접어 낸다.

Tip   너트나 슈거 파우더를 뿌려 먹어도 잘 어울린다.

Crêpe à la crème de marrons

75

배 콩피
크레이프

프랑스 배와 우리나라 배는 모양도 맛도 다르지만 배 콩피와 배숙은 재료와 조리법이 비슷하다. 배가 흔한 철에 잔뜩 조려두었다가 감기 기운 있을 때 생강청을 섞어 따뜻하게 데워 먹기도 하고, 디저트로 내기도 하고, 아이스크림이나 요구르트의 토핑으로 활용하기도 한다.

Ingredients(4인분)

시판용 크레이프(페이장 브레통)
4장

배(중간 사이즈) 2개
레몬 1개
팔각 1개(생략 가능)
오렌지 1개(또는 오렌지주스 1컵)
물 40ml
설탕 80g
바닐라빈 1개
(또는 바닐라에센스 1작은술)
통후추 적당량
버터 40g
꿀 150g
생강가루(또는 생강청) 1큰술
시나몬 스틱 1개
리코타 치즈 4큰술

Cooking

1 냄비에 물, 설탕, 바닐라빈, 통후추 10알 정도를 넣고 중불로 끓여 시럽 상태가 되도록 한다.

2 배는 껍질을 깎고 속을 다듬은 후 2~4등분으로 자른다. 이때 꼭지를 남겨두면 모양이 예쁘다.

3 레몬을 반으로 잘라 ①의 냄비에 즙을 짜 넣고 ②의 배와 팔각을 넣어 뚜껑을 열고 약불로 10분 정도 끓인다.

4 오렌지는 껍질을 깨끗이 씻어 제스트로 만들고, 과육은 즙을 짠다.

5 큰 팬에 ④의 오렌지즙과 오렌지 제스트, 버터, 꿀, 생강가루, 시나몬 스틱을 넣고 중불로 부드럽게 끓인다.

6 ③의 배를 꺼내 ⑤에 넣고 꿀이 코팅되도록 뒤집어가며 윤기를 낸다.

7 크레이프 1장을 볼에 펼쳐 담고 ⑥의 배 콩피 4분의 1 분량을 담은 후 꿀을 살짝 뿌린다. 리코타 치즈 1큰술 분량을 숟가락으로 조금씩 떠 올리고 통후추를 손으로 부숴 고루 뿌린다. 같은 방법으로 3개를 더 만들어 4인분을 완성한다.

Crêpe aux poires confites, miel et épices d'orange

77

78

Tip

바닐라빈과 버터가 들어가면 프랑스식 배 콩피가 되고,
그 재료가 빠지면 한국식 배숙이 된다.
다양한 종류의 꿀을 써서 특별한 풍미를 가미해도 좋다.

PART
3

브르타뉴 지방의
전통 갈레트

Galettes de Bretagne

잠봉 치즈 달걀,
기본 갈레트

30년도 더 전의 일이다. 프랑스 친구가 몽파르나스 근처의 크레이프집에 나를 데려갔다. 브르타뉴 지방의 전통 크레이프집들이 즐비한 골목은 파리에서 또 다른 외국으로 들어온 듯한 느낌이었다. 그때 나는 갈레트와 사과주 시드르(cidre)를 처음 맛봤다. 브르타뉴 갈레트는 잠봉, 치즈, 달걀을 기본으로 한다.

Ingredients

갈레트 반죽(14쪽 참조) 2국자
버터 약간

달걀 2개
잠봉 2장
에멘탈 치즈 2큰술
통후추 약간

Cooking

1   재료를 분량대로 섞어 갈레트 반죽을 만든다.

2   달군 팬에 버터를 녹인 후 반죽 1국자를 중앙에 붓고 팬을 들어서 돌려가며 얇게 편다. 틈이 생긴 곳은 국자 뒷면으로 살짝 돌리며 붙이거나 크레이프 스프레더를 대고 돌려서 채운다.

3   가장자리가 익어 팬에서 떨어지기 시작하면 뒤집개를 사용해 뒤집는다. 같은 방법으로 1장을 더 구운 후 각각 접시에 담아둔다.

4   팬에 달걀을 흰자만 잘 익도록 서니 사이드 업으로 프라이한다.

5   ③의 갈레트 위에 잠봉과 ④의 달걀프라이를 올린 후 재빨리 테두리의 2cm 정도 지점을 안쪽으로 접어 사각형을 만든다. 에멘탈 치즈를 치즈 그레이터로 쭉쭉 밀어 듬뿍 올린 후 통후추를 갈아 노른자 위에 뿌려 낸다.

Galette classique de Bretagne au jambon, fromage, et œuf

83

84

Tip

프랑스에서는 보통 잠봉 블랑(jambon blanc)을 올리는데 일반 햄으로
대체해도 된다. 치즈는 주로 에멘탈, 그뤼예르, 콩테 등 경질 치즈를 사용하는데,
종류별로 맛보며 내 입맛에 맞는 치즈를 찾아보는 것도 즐거운 일이다.

소시지, 감자를 곁들인 갈레트

프랑스 북서부 해안가인 브르타뉴 지방은 춥고 척박해서 감자와 사과가 많이 난다. 그래서 맥주나 와인보다 사과주인 시드르를 식사에 주로 곁들인다. 소시지와 감자를 올린 갈레트는 마치 독일 음식 같다.

Ingredients(4인분)

갈레트 반죽(14쪽 참조) 4국자
올리브 오일 약간

감자 2개
소시지 2개
양파 1/2개
마늘 2쪽
양송이버섯 3~4개
소금 2꼬집
올리브 오일·콩테 치즈 적당량
메밀순·파슬리·타임 가루·통후추
약간씩

Cooking

1 감자는 껍질을 벗겨 4~6등분한다. 냄비에 물과 소금 한 꼬집을 넣고 감자를 삶아 건져둔다.

2 냄비에 소시지가 잠길 정도의 물을 붓고 끓이다가 소시지를 넣고 2~3분 정도 데친 후 건져낸다.

3 양파와 마늘은 슬라이스하고, 양송이는 반으로 자른다. 메밀순은 씻고, 파슬리는 다져놓는다.

4 넉넉한 사이즈의 팬에 올리브 오일을 넉넉히 두르고 양파와 마늘을 볶다가 노릇해지면 양송이와 ①의 감자를 넣고 조심스레 섞으며 볶는다.

5 팬의 남는 공간에 ②의 소시지를 올려 살짝 굽는다.

6 구운 재료들에 소금 한 꼬집과 통후추 간 것을 고루 뿌린 다음 타임 가루, 콩테 치즈를 살살 뿌린 후 불을 끈다.

7 달군 팬에 올리브 오일을 두르고 반죽을 올려 갈레트를 4장 구워내 접시에 1장씩 담는다. ⑥의 재료들과 ③의 메밀순과 파슬리를 각각 보기 좋게 올린 후 콩테 치즈를 치즈 그레이터로 갈아 한 번 더 뿌려 마무리한다.

소시지를 끓는 물에 데치면
기름기 등 불순물 제거에 좋고
구웠을 때 풍미도 좋다.
이 갈레트는 팬째로 테이블에
올려 끝까지 따뜻하게
먹는 것도 추천한다.

Galette traditionnelle à la saucisse, pomme de terre et oignons

87

셰브르 꿀 호두 갈레트

프랑스어로 셰브르(chèvre)라고 부르는 염소 치즈는 우리나라 신 김치처럼 시큼한 맛이 난다. 그래서 먹다 보면 묘하게 그 매력에 빠지게 된다. 셰브르와 꿀, 호두를 올린 갈레트는 프랑스 사람들이 가장 즐기는 크레이프 중 하나다.

Ingredients

갈레트 반죽(14쪽 참조) 2국자
올리브 오일 약간

염소 치즈(사다리꼴 모양)
1개(150g)
생크림(또는 크림치즈) 2큰술
호두 3큰술
꿀 2큰술
프레시 타임 2줄기

Cooking

1. 달군 팬에 올리브 오일을 두르고 반죽을 올려 갈레트를 2장 굽는다. 오목한 볼 2개에 갈레트를 각각 펼쳐 넣고 보기 좋게 모양을 잡는다.

2. 염소 치즈는 세로로 2등분한다. ①의 각 볼에 담긴 갈레트 위에 생크림을 1큰술씩 떠놓고 잘라둔 염소 치즈 한 조각을 기둥처럼 세운다.

3. 170℃로 예열한 오븐에 ②를 넣어 7~10분 정도 치즈가 녹으면서 노릇해지게 굽는다.

4. 오븐에 음식을 넣어둔 동안 달군 팬에 호두를 구워 칼로 1~2회 정도 큼직하게 부순다.

5. ③을 꺼내 호두를 듬뿍 올리고 꿀을 1큰술씩 두른 후 타임을 올려 마무리한다.

 Tip 오븐에 바싹 구운 갈레트를 손으로 잘라 숟가락처럼 활용해 치즈와 꿀을 섞어 떠먹으면 조화로운 맛을 느낄 수 있다. 이 갈레트는 디저트나 와인 안주로 제격이다.

크림치즈 훈제연어
갈레트

브르타뉴 지방은 삼면이 바다라서 해산물도 풍부하다. 또한 크림치즈와 버터가 맛있다. 특히 연어를 이용한 음식을 즐겨 먹는데, 연어를 주로 크림치즈, 버터에 곁들여 먹는다.

Ingredients(4인분)

갈레트 반죽(14쪽 참조) 4국자
버터 약간

크림치즈 4큰술
훈제연어 4~6장
그린 샐러드 채소 약간
레몬 1/2개
케이퍼베리 4알
핑크 페퍼콘·프레시 딜 약간씩

Cooking

1   달군 팬에 버터를 한 조각씩 놓고 녹으면 반죽을 올려 갈레트를 4장 굽는다. 접시 위에 1장씩 올려 각각 두 번 접는다.

2   ①의 갈레트에 크림치즈를 넓게 바르고 훈제연어를 보기 좋게 담은 후 다시 크림치즈 바른다.

3   ②에 그린 샐러드 채소를 놓고 슬라이스한 레몬 한 조각을 올린 후 레몬의 즙을 짜서 뿌린다.

4   핑크 페퍼콘을 부숴 뿌리고 딜을 올린 다음 케이퍼베리를 곁들여 낸다.

 Tip   버터와 연어의 풍미가 의외로 조화롭다. 케이퍼나 새콤한 맛이 나는 케이퍼베리는 연어의 느끼함을 잡아주어 맛의 어울림이 좋다.

Galette de sarrasin au saumon fumé et fromage frais

91

맥주와 어울리는
대파 달걀 갈레트

프랑스의 리크(leek)와 우리의 대파는 식감의 차이는 있지만 기름을 둘러 구우면 맛이 구별이 안 될 정도로 비슷하다. 프랑스 사람들은 리크의 흰 줄기 부분만 쓰는데 프랑스에 살 때 초록잎을 라면에 넣어 먹으며 대파 맛을 냈던 추억이 있다.

Ingredients

갈레트 반죽(14쪽 참조) 2국자
올리브 오일 약간

대파 줄기 1대
양파 1/2개
양송이버섯 5~6개
올리브 오일 2큰술
달걀 2개
콩테 치즈 2~3큰술
다진 파슬리·소금·통후추 약간씩

팬 2개

Cooking

1   대파는 1cm 두께로 자르고, 양파와 양송이는 슬라이스한다.

2   달군 팬에 올리브 오일을 2큰술 정도 넉넉히 두르고 대파와 양파를 볶다가 파 향이 나면 양송이를 넣고 살짝 볶은 후 소금을 약간 뿌린다.

3   다른 팬을 달궈 올리브 오일을 두르고 반죽을 올려 갈레트를 2장 구운 후 1장씩 접시에 펼쳐 담는다. 그 팬에 달걀을 올려 남은 열기로 노른자가 반쯤 익도록 프라이한다. 물론 취향껏 조리해도 된다. 나는 달걀을 올려 흰자가 익으면 노른자를 스푼으로 툭툭 깨 반숙으로 굽는 걸 선호한다.

4   ③의 갈레트 위에 ②를 골고루 올리고 ③의 달걀을 올린다.

5   콩테 치즈를 그레이터로 갈아 듬뿍 올린 후 통후추 간 것과 다진 파슬리를 올려 따뜻할 때 즐긴다.

 Tip 본래 대파 갈레트에는 생크림이나 크림치즈, 베샤멜 소스 등을 갈레트 위에 바른 후 볶은 채소를 올리는데 나는 달걀노른자와 콩테 치즈를 활용해 간편하게 크리미한 느낌을 낸다.

Galette à la fondue de poireaux, oeuf, champignon, fromage

93

브르타뉴 숲이
떠오르는
포레스트 갈레트

브르타뉴 지방은 해변과 절벽, 광야, 중세 도시가 어우러진 문화와 역사, 자연이 멋진 지역이다. 포레스트 갈레트는 브르타뉴를 담은 듯한 이미지다. 이곳에서 포레스트 갈레트를 먹어본 후 나는 버섯 마니아가 되었다.

Ingredients

갈레트 반죽(14쪽 참조) 2국자
버터 약간

양송이버섯(또는 표고버섯) 200g
마늘 2쪽
다진 파슬리 2큰술
올리브 오일 2큰술
호두 오일(또는 트러플 오일) 1큰술
베샤멜 소스(30쪽 참조) 4~5큰술
물(또는 우유) 적당량
소금·후춧가루 약간씩

팬 2개

Cooking

1   양송이는 크기가 작으면 4등분하고, 크면 0.4~0.5cm 정도 두께로 슬라이스한다. 마늘은 슬라이스하고 파슬리는 다진다.

2   달군 팬에 올리브 오일을 두르고 먼저 ①의 마늘을 볶다가 향이 나면 ①의 버섯을 넣고 노릇해지도록 볶는다.

3   ②에 파슬리와 소금 한 꼬집을 넣고 골고루 섞는다.

4   다른 팬을 달궈 버터를 녹인 후 반죽을 올려 갈레트를 2장 굽는다.

5   갈레트가 구워지는 동안 베샤멜 소스를 냄비에 담아 데운다. 이때 물이나 우유를 조금씩 넣고 나무 주걱으로 저어가며 데운 후 소금으로 간을 다시 맞춘다.

6   구워낸 갈레트를 접시에 1장씩 접어서 담고 ②의 볶은 버섯을 올린 후 호두 오일을 둘러 풍미를 더한다. 그 위에 베샤멜 소스를 올리고 파슬리와 후춧가루를 뿌려 낸다.

 Tip   베샤멜 소스는 버섯 위에 올려도 되고 아예 버섯과 버무린 후 갈레트 위에 올려 김밥처럼 돌돌 말아도 좋다. 베샤멜 소스가 없다면 생크림에 에멘탈 치즈나 파르메산 치즈 가루를 섞어 대체해도 된다.

Galettes bretonnes forestières

PART
4

크레이프로
브런치

Chic, Chic,
Crêpe
brunch

프랑스
국민 크레이프

프랑스인처럼 다양한 잠봉을 즐기는 사람들도 없을 것 같다. 마치 우리의 김치 같다. 그들에겐 밖에서 뛰어놀다 들어오면 엄마가 뚝딱 만들어 주던 간식이 잠봉 크레이프라고 한다.

Ingredients

크레이프 반죽(14쪽 참조) 2국자
버터 약간

베샤멜 소스(30쪽 참조) 4큰술
잠봉 블랑(또는 시판 햄) 2~4줄
치커리(또는 그린 샐러드 채소)
한 줌
에멘탈 치즈 2큰술
올리브 오일·발사믹 식초 약간씩

Cooking

1 베샤멜 소스는 따뜻하게 데워두고, 잠봉은 먹기 좋은 크기로 자른다. 치커리는 씻어 대강 손으로 먹기 좋게 뜯어놓는다.

2 달군 팬에 버터를 놓고 녹으면 크레이프 반죽을 떠 올려 넓고 얇게 크레이프 2장을 구운 후 1장씩 접시에 담는다.

3 ②의 크레이프 위에 베샤멜→잠봉→베샤멜 순으로 올리고 둥글게 말아 접은 후 반으로 자른다.

4 크레이프 옆에 치커리를 곁들이고 올리브 오일과 발사믹을 살짝 두른 다음 에멘탈 치즈를 그레이터로 갈아 듬뿍 뿌려 낸다.

Crêpe salée au jambon et fromage

100

Tip

잠봉 대신 도톰한 햄을 쓴다면 새끼 손톱 크기로 깍둑썰기한다.
베샤멜 소스가 없다면 사워크림이나 크림치즈로 대체해도 된다.

시금치로 색을 낸
훈제연어 크레이프

크레이프로 조금 특별한 식사를 만들고 싶을 때, 수제비나 떡국 떡에 색을 내듯이 시금치를 곱게 갈아 반죽에 섞으면 간단하면서도 건강하게 즐길 수 있다.

Ingredients

크레이프 반죽(14쪽 참조) 2국자
버터(또는 올리브 오일) 약간

훈제연어 2조각
시금치(어린잎) 2줌
사워크림 3~4큰술
딜 1줄기
레몬 1/2개
케이퍼 베리·통후추 약간씩

Cooking

1 시금치는 씻어서 한 줌은 남기고, 나머지 한 줌은 끓는 물에 살짝 데쳐 물기를 꼭 짠 다음 크레이프 반죽과 함께 믹서에 곱게 간다.

2 달군 팬에 버터를 녹인 후 반죽을 올려 크레이프를 2장 굽는다. 1장씩 접시에 담아 식힌다.

3 ②의 크레이프에 반달 모양으로 사워크림을 바르고 훈제연어를 펼쳐 올린 후 반으로 접는다.

4 크레이프 옆에 ①에서 남겨놓은 시금치를 담고 딜과 케이퍼를 올린 후 통후추를 갈아 뿌린다. 먹기 직전에 레몬의 즙을 내 연어와 시금치 위에 고루 뿌려 낸다.

 Tip 시금치 대신 시금치 파우더나 녹찻가루 등으로 색을 내도 된다. 레몬을 미리 뿌리면 연어의 색이 변하니 주의하도록 한다. 연어에 사과주 시드르를 곁들이면 어울림이 좋다.

102

Crêpe aux épinards, herbes et saumon fumé

103

크리미 바질 버터 크레이프

바질은 키우기 쉬운 허브다. 마당이 없더라도 아파트의 해가 잘 드는 창가에 두면 사계절 잘 자란다. 파스타, 토스트, 크래커 등에 바질잎을 몇 장 올리면 특유의 싱그러운 풍미로 온 식탁이 그윽해진다.

Ingredients

크레이프 반죽(14쪽 참조) 2국자
버터 약간

반숙 달걀(또는 수란) 2개
바질 잎(다진 것) 1작은술
실온 버터 2큰술
레몬즙·소금 약간씩
핑크 페퍼콘(또는 통후추) 약간

Cooking

1   달걀은 반숙이나 수란으로 기호에 맞게 준비한다.

2   작은 볼에 바질 잎과 실온 버터, 레몬즙, 소금을 잘 섞어 바질 버터를 만든다.

3   달군 팬에 버터를 녹인 후 반죽을 올려 크레이프를 2장 굽는다. 1장씩 접시에 담은 후 원하는 모양으로 접는다.

4   ③의 크레이프 위에 바질 버터를 듬뿍 올린 후 달걀을 곁들인다.

5   핑크 페퍼콘이나 통후추 간 것을 뿌려 낸다.

 Tip   바질 버터의 바질 향이 버터의 느끼함을 잡아준다. 추가로 레몬즙을 뿌려도 좋다.

105

라타투이를 올린
크레이프

라타투이는 건강식이자 채식하는 이들이 좋아하는 메뉴다. 프랑스의 니네트 이모님께 배운 라타투이는 채소를 큼직하게 잘라 은근하게 조리하는데, 크레이프에 곁들일 때는 채소를 잘게 잘라 만든다.

Ingredients

크레이프 반죽(14쪽 참조) 2국자
올리브 오일 약간

애호박·가지·당근 1/3개씩
양파 1/4개
파프리카 1/2개
방울토마토 4~5개
올리브 오일 2큰술
말린 타임·마늘 가루·소금 약간씩
후춧가루 약간

팬 2개

Cooking

1   채소는 손질하여 모두 손톱 크기로 깍둑썰기한다.

2   달군 팬에 올리브 오일 2큰술을 두르고 중불로 애호박과 방울토마토를 제외한 모든 채소를 함께 볶다가 소금을 한 꼬집 두르고 뚜껑을 덮어 5분 정도 둔다.

3   ②에서 채소 익는 냄새가 나면 뚜껑을 열고 애호박과 방울토마토를 넣어 볶는다. 간을 보고 소금으로 모자라는 간을 더한 다음 말린 타임과 마늘 가루를 넣고 골고루 잘 섞는다.

4   다른 팬을 달군 후 올리브 오일을 두르면서 반죽을 올려 크레이프 2장을 각각 구운 다음 1장씩 접시에 펼쳐 담는다.

5   ④의 크레이프 위에 ③의 라타투이를 각각 알맞게 올리고 원하는 모양으로 접어 낸다.

Tip   라타투이를 넉넉히 만들어 냉장고에 두고 여러 번 먹어도 좋다. 라타투이는 채소 스튜란 뜻이므로 위에 소개한 채소뿐 아니라 집에 있는 다른 채소를 활용해도 된다.

106

Crêpe à la ratatouille

107

아보카도 스프레드 크레이프

잘 익은 아보카도의 과육을 숟가락으로 파내 레몬즙, 소금, 올리브 오일을 뿌려 크레이프에 바르는 것만으로 근사한 브런치가 완성된다. 병아리콩이나 쿠스쿠스, 귀리 등 씹는 맛이 나는 재료를 곁들여 낸다.

Ingredients

크레이프 반죽(14쪽 참조) 2국자
버터 약간

사워크림(또는 크림치즈) 2큰술
병아리콩(삶은 것) 2큰술
라임(슬라이스한 것) 2~3조각
차이브(또는 다른 허브) 약간

아보카도 스프레드
아보카도(잘 익은 것) 1개
레몬즙·올리브 오일 1/2작은술씩
소금·통후추 약간씩

Cooking

1   작은 볼에 분량의 재료를 섞어 아보카도 스프레드를 만든다.
2   달군 팬에 버터를 녹인 후 반죽을 올려 크레이프를 2장 구운 다음 접시에 담아 원하는 모양으로 각각 접는다.
3   ②의 크레이프 위에 각각 사워크림을 1큰술씩 올린 후 ①의 아보카도 스프레드를 듬뿍 얹는다. 라임 1~2조각을 각각 얹은 후 병아리콩과 차이브를 올려 낸다.

Tip   차이브는 프랑스 사람들이 좋아하는 허브인데 실파와 비슷해 정겹고 꽃도 무척 예뻐서 텃밭 한편에 심어두고 즐겨 쓴다. 깻잎이나 쑥갓 등 우리에게 익숙한 향신채소로 대체해도 괜찮다.

Crêpes-tartine à l'avocat

109

부라타 치즈
방울토마토
크레이프

요즘은 국내에서 구입할 수 있는 치즈가 다양해졌다. 진하고 부드러운 부라타 치즈를 비롯해 다양한 치즈를 샐러드와 매치해 입맛에 맞는 크레이프를 만들어보기를 ….

Ingredients

크레이프 반죽(14쪽 참조) 2국자
올리브 오일 약간

프레시 부라타 치즈 2덩이(200g)
방울토마토 2줌(6~8개)
그린 샐러드 채소·민트잎·잣(구운
것) 약간씩
올리브 오일 1큰술
타임 가루·소금 한 꼬집씩
발사믹 비니거·통후추 약간씩

Cooking

1   방울토마토는 팬에 올리브 오일 1큰술을 두르고 앞뒤로 살짝 구운 후 타임 가루와 소금을 뿌린다.

2   그린 샐러드 채소는 씻어서 체에 밭쳐 물기를 거둔다.

3   달군 팬에 올리브 오일을 두르고 반죽을 올려 크레이프를 2장 구운 후 원하는 모양으로 접어 하나씩 접시에 올린다.

4   ③의 크레이프 위에 ②의 그린 샐러드 채소와 부라타 치즈를 차례로 올리고 치즈 옆에 ①의 구운 방울토마토를 곁들인 후 올리브 오일과 발사믹 비니거를 두른다.

5   ④에 구운 잣을 올리고 통후추를 갈아 올려 낸다.

 Tip   방울토마토는 팬에서 굽는 대신 반으로 갈라 올리브 오일을 뿌린 후 170℃로 예열한 오븐에 20~30분 정도 구워내도 된다.

닭가슴살
아스파라거스
갈레트

메밀가루를 프랑스에서는 블레 누아(blé noir, 검은 밀가루)라고 부른다. 메밀은 글루텐프리 재료로 소화가 잘 되는 건강 재료. 밀가루 대신 메밀가루를 섞는 것만으로 건강한 크레이프를 구울 수 있다.

Ingredients

갈레트 반죽(14쪽 참조) 2국자
올리브 오일 약간

닭가슴살 1쪽
아스파라거스 3개
양파 1/4개
표고버섯 2~3개
올리브 오일·그뤼예르 치즈 적당량
소금 한 꼬집
파슬리·타임 가루·통후추 약간씩

팬 2개

Cooking

1 닭가슴살, 양파, 표고버섯은 한 입 크기로 깍둑썰기하고 아스파라거스는 2cm 길이로 자른다. 파슬리는 다진다.

2 달군 팬에 올리브 오일을 두르고 ①의 닭가슴살과 양파를 넣어 볶다가 익는 냄새가 나면 표고버섯과 아스파라거스를 넣고 살살 섞으면서 볶는다.

3 ②에 소금을 뿌려 간한 후 다진 파슬리를 넣고 섞는다.

4 다른 팬을 달궈 올리브 오일을 두르고 반죽을 올려 메밀 크레이프인 갈레트를 2장 굽는다. 구운 갈레트는 1장씩 접시에 담아놓는다.

5 갈레트 위에 ③의 볶은 재료를 먹음직스럽게 담은 후 파슬리, 타임 가루, 통후추 간 것을 뿌리고 크뤼예르 치즈를 그레이터로 갈아 듬뿍 뿌려 낸다.

 Tip 그뤼예르 치즈 대신 콩테 치즈나 파르메산 치즈를 뿌려도 어울림이 좋다.

파리지엔의 브런치, 당근 라페 완두콩 크레이프

파리에서 유학할 때 학교 근처의 카페 테라스에서 여학생 두어 명이 식사하는 광경을 자주 보았다. 그들의 테이블을 보면 늘 있는 메뉴가 바로 당근 라페였다. 당근 라페는 보드라운 크레이프에 올려 먹는 게 최고다!

Ingredients

크레이프 반죽(14쪽 참조) 2국자
버터 약간

당근 1개
완두콩(냉동) 2큰술
파슬리 1줄기
소금 한 꼬집
그릭 요구르트 2큰술

올리브 오일 드레싱
올리브 오일 1큰술
사과 식초 1작은술
소금 한 꼬집

Cooking

1   냉동 완두콩은 끓는 물에 살짝 데쳐 찬물에 헹궈 건진다. 파슬리는 잘게 다진다.

2   분량의 재료를 섞어 올리브 오일 드레싱을 만든다.

3   당근을 채칼이나 칼을 이용해서 가늘게 채 썰어 볼에 담은 후 소금을 한 꼬집 뿌려둔다.

4   ③의 당근에 ②의 올리브 오일 드레싱 1큰술을 뿌린 후 ①의 파슬리를 넣고 잘 섞는다.

5   달군 팬에 버터를 녹이고 반죽을 올려 크레이프를 2장 구운 후 1장씩 접시에 펼쳐 담는다.

6   크레이프 가운데에 ④의 당근 라페를 각각 알맞게 담고 원하는 모양으로 접는다.

7   크레이프 옆에 ①의 완두콩을 담고 그릭 요구르트를 1큰술씩 떠 올려낸다.

Crêpe aux carottes râpées et aux petits pois

Tip

당근의 양이 많지 않을 때는 소금을
뿌려 미리 재우지 않고 드레싱에
소금을 섞어 버무려도 된다.
따뜻하게 먹고 싶다면 완두콩을
올리브 오일을 두른 팬에 살짝 굽고,
당근 라페도 팬에 2분 정도 데운다.

115

단짠단짠
몬테크리스토
크레이프

따뜻하게 녹인 치즈와 짭짤한 햄, 달콤한 라즈베리 잼의 조화는 몬테크리스토 샌드위치 그 자체. 몬테크리스토 샌드위치의 원조가 크로크 무슈라는데 이걸 먹으면 그게 맞구나 싶다.

Ingredients

크레이프 반죽(14쪽 참조) 2국자
버터 약간

햄 2~4조각
하바티 치즈 2~4장
마요네즈 1큰술
디종 머스터드 2작은술
토마토 1개
올리브 오일 약간
그린 샐러드 잎채소 약간
타임 1줄기
라즈베리 잼 적당량

Cooking

1   토마토는 한 입 크기로 자르고, 그린 샐러드 채소는 씻어서 건져둔다.
2   달군 팬에 버터를 올려 녹이고 중불로 크레이프를 2장 구운 후 접시에 담는다. 팬은 중불을 유지한다.
3   ②의 팬에 올리브 오일을 두르고 토마토를 구워낸다.
4   햄에 마요네즈와 머스터드를 바르고 하바티 치즈를 올린 후 치즈 쪽이 아래로 가도록 팬에 놓고 굽는다. 치즈가 녹으면 꺼내 크레이프 위에 올린 후 먹기 좋게 접는다.
5   ①의 그린 샐러드 채소와 구운 토마토, 라즈베리 잼을 곁들여 낸다.

 Tip   하바티 치즈는 구우면 부드럽게 녹으며 쭉쭉 늘어난다. 이런 식감을 즐기기 위해서 경우에 따라 그뤼에르 치즈보다 하바티 치즈를 선호하기도 한다.

116

Crêpes Monte Cristo, sucré et salé

케일 소시지
크레이프

집에 소시지가 남아 있을 때면 근대나 케일, 시금치 등의 채소를 살짝 볶아 크레이프와 함께 곁들여 먹는다. 조리도 쉽고 맛의 어울림도 좋아 '혼밥'으로 즐기는 메뉴다.

Ingredients

갈레트 반죽(14쪽 참조) 2국자
올리브 오일 약간

수제 소시지 2개
케일(연한 것) 100g
양파 1/4개
마늘 가루 약간(생략 가능)
홀그레인 머스터드 1작은술

팬 2개

Cooking

1 소시지는 끓는 물에 데쳐 건져둔다.

2 케일은 손가락 굵기만 하게 채 썰고, 양파는 얇게 채 썬다.

3 달군 팬에 올리브 오일을 두르고 소시지를 올려 구운 후 한쪽으로 밀어둔다. 팬 가운데에 양파를 먼저 올려 볶다가 케일을 올리고 센불에서 마늘 가루를 조금 뿌려 살짝 볶는다.

4 다른 팬을 달궈 올리브 오일을 두른 후 반죽을 올려 중불로 갈레트 2장을 구워 각각 접시에 담고 ③의 양파와 케일, 소시지를 담는다. 홀그레인 머스터드를 작은 스푼으로 떠서 다른 스푼 뒷면으로 밀어 올린다.

Tip 이 메뉴는 따뜻하게 내야 맛있다. 크레이프를 김밥처럼 둥글게 말아 잘라 먹어도 좋다.

Crêpe à la saucisse et chou kale

119

팍시를 넣은
복주머니
크레이프

오래전 서래마을의 프랑스인 지인의 집에 저녁 초대를 받아 갔을 때 우리나라 복주머니가 앙트레(entrée, 애피타이저)로 나와서 깜짝 놀란 적이 있다. 프랑스분의 어머니가 가끔 해주셨다고 해서 흥미로웠다.

Ingredients(4인분)

크레이프 반죽(14쪽 참조) 4국자
올리브 오일 약간

쇠고기(간 것) 200g
올리브 오일 5큰술
끈으로 사용하는 채소(미나리,
신선초, 차이브 등) 4줄기
양파 1/4개
당근·주키니 1/5개씩
토마토 2개
마늘 가루·바질 가루 1작은술씩
타임·소금·후춧가루 약간씩

팬 2개

Cooking

1 쇠고기 간 것은 마늘 가루, 소금, 후춧가루와 올리브 오일 2큰술로 밑간한다. 끈으로 쓸 채소는 끓는 물에 살짝 데쳐 찬물에 헹궈 건진다.

2 양파는 다지고, 당근과 주키니는 손톱 크기로 깍둑썰기한다. 토마토는 1개는 가로로 슬라이스하고, 1개는 세로로 6등분한다.

3 달군 팬에 올리브 오일 2큰술을 두른 후 중불로 ②의 양파, 당근, 주키니를 볶다가 가로로 잘라둔 토마토를 넣어 굽는다.

4 ③에서 채소가 익는 냄새가 나면 ①의 쇠고기를 넣고 센불로 올려 잘 펴가면서 볶는다. 고가가 익으면 다시 중불로 내려 좀 더 볶는다.

5 ④를 팬 한쪽으로 밀어두고 같은 팬에 ②의 6등분한 토마토와 올리브 오일 1큰술을 넣고 토마토 자른 면이 익도록 굽는다. 바질 가루와 소금을 솔솔 뿌린 후 뚜껑을 덮고 토마토가 보글보글 끓을 때까지 익힌다.

6 다른 팬을 달궈 올리브 오일을 두르고 반죽을 올려 크레이프 4장을 각각 굽는다. ⑤의 팍시를 크레이프 1장에 2큰술 정도씩 올려 주름을 잡아 가운데로 모은 후 ①의 채소 끈으로 살살 묶는다.

7 크레이프 수만큼 복주머니를 만들어 접시에 담은 후 ⑤의 구운 토마토를 곁들이고 타임을 올려 낸다.

채소의 종류와 양은 취향과 상황에
맞게 조절해도 된다. 집에 남은
자투리 채소를 활용하면 좋다.
끈으로 묶을 채소는 질긴 감이
있어야 묶기 쉽다.

Aumônière de crêpes farcie

121

PART
5

디너를 위한
크레이프

Crêpes pour un repas gastronomique

흰콩 수프와
크레이프

유럽의 옛날 그림에 자주 등장하는 콩 수프는 오랜 시간 저어가며 만든
슬로 푸드다. 추위가 시작되는 가을, 겨울에 콩 수프를 한 냄비 끓이면
어쩐지 아늑하고 추위조차 잊게 된다.

Ingredients

크레이프 반죽(14쪽 참조) 2국자
올리브 오일 약간

흰강낭콩 1컵
병아리콩 1/2컵
양파 1/2개
마늘 1쪽
올리브 오일 약간
파르메산 치즈 가루 2큰술
육수(또는 채수) 2컵
밀가루 1/2큰술
근대 2~3장
소금 적당량
삶은 달걀 2개
구운 잣 2큰술
그뤼예르 치즈·허브 가루·후춧가루
약간씩

Cooking

1   흰강낭콩과 병아리콩은 이틀 정도 충분히 불려 헹군 후 냄비에 잠기
    도록 물을 붓고 소금을 1/2큰술씩 넣어 각각 삶는다. 1시간 정도 삶은
    후 먹어보아 잘 익었으면 불을 끄고 뜸을 들인다.

2   양파와 마늘은 다진다.

3   냄비에 올리브 오일을 두른 후 중불로 양파와 마늘을 볶다가 양파가
    투명해지면 삶은 콩과 콩 삶은 물을 잠길 만큼 넣고 센불로 끓인다.

4   ③이 팔팔 끓으면 중불로 낮춘 후 파르메산 치즈 가루를 넣고 나무 주
    걱으로 저어가면서 끓인다.

5   육수나 채수에 밀가루를 잘 풀어서 ④에 넣고 섞어가며 1시간 정도
    뭉근하게 끓인다. 오래 끓일수록 풍미가 좋다.

6   달군 팬에 올리브 오일을 두르고 반죽을 올려 크레이프를 2장 굽는다.

7   근대를 2cm 폭으로 썰어 먹기 직전에 ⑤에 넣고 섞는다. 모자라는
    간은 소금으로 맞추고 후춧가루를 뿌린다.

8   오목한 파스타 볼 2개에 ⑦과 반으로 자른 삶은 달걀 1개씩을 각각 담
    는다. 그뤼예르 치즈를 그레이터로 갈아 올리고 허브 가루와 구운 잣
    을 뿌린 다음 크레이프를 접어 1장씩 곁들여 낸다.

수프를 끓일 때 파르메산 치즈
덩어리를 넣고 끓이면 맛이 더욱
진해진다. 육수나 채수 대신 우유를
넣어도 되고, 케일이나 셀러리, 감자,
당근을 넣어도 괜찮다. 마지막에
버터를 조금 넣으면 풍미가 더욱
좋아진다.

Soupe crémeuse aux haricots blancs avec crêpe

125

닭 안심 브로콜리
크레이프

우리 식탁에 꼭 찌개나 국이 올라오듯 프랑스 사람들도 국물 요리를 즐긴다. 프랑스 친구들을 초대할 때 오븐 요리, 샐러드와 더불어 국물 요리를 곁들이면 확실히 반응이 좋다.

Ingredients

크레이프 반죽(14쪽 참조) 2국자
버터 약간

닭 안심 100g
브로콜리 1/2송이
양송이버섯 4~5개
베샤멜 소스(30쪽 참조) 3~4국자
레몬 1/2개
파슬리 가루·소금·후춧가루 약간씩

Cooking

1 브로콜리는 송이를 잘라 끓는 물에 데친 후 찬물에 헹궈 건져둔다.
2 닭 안심은 끓는 물에 데쳐 식힌다. 양송이는 반으로 자른다.
3 냄비에 베샤멜 소스와 ②의 양송이를 넣고 중불로 끓이다가 ①의 브로콜리와 닭 안심을 넣고 저어가며 뭉근히 끓인다.
4 ③에 소금으로 간하고 후춧가루를 뿌린 후 레몬의 즙을 짜 넣는다.
5 달군 팬에 버터를 녹인 후 반죽을 올려 크레이프를 2장 굽고, 1장씩 접시에 담는다.
6 ⑤의 크레이프 위에 ④의 소스를 떠서 담고 파슬리 가루와 후춧가루를 뿌려 낸다.

127

Tip

베사멜 소스에 양송이를 먼저 넣고 익혀 풍미를 더한다.
마지막에 레몬을 살짝 넣으면 상큼한 풍미가 생겨 입맛을 돋운다.

라사냐 대신
토마토소스
크레이프 롤

프랑스에서 니네트 이모가 볼로네즈 소스 그라탱을 해주신 적이 있다. 당연히 '라사냐 그라탱이겠지' 생각했는데 면의 식감이 너무 부드러워서 생면을 만들었느냐고 물었더니 웃으면서 크레이프를 넣었다고 하셨다. 그후로 나도 종종 라사냐 대신 크레이프를 활용한다.

Ingredients

크레이프 반죽(14쪽 참조) 2국자
버터 약간

토마토소스
쇠고기(간 것) 200g
올리브 오일 2큰술
다진 양파 1/2개분
다진 당근·다진 셀러리 2큰술씩
다진 마늘 1/2작은술
방울토마토 2줌
소금 한 꼬집
타임 가루·바질 가루 1/2작은술씩

콩테 치즈(또는 모차렐라 치즈)
적당량
후춧가루 약간

팬 2개

Cooking

1   쇠고기 간 것에 소금과 올리브 오일 1큰술을 넣고 섞어 밑간한다. 양파, 당근, 셀러리는 모두 손톱 크기 정도로 굵게 다진다.

2   오목한 팬이나 냄비에 올리브 오일을 두르고 ①의 양파, 당근, 셀러리를 넣어 볶다가 익는 냄새가 나면 밑간한 쇠고기를 넣고 볶는다.

3   ②의 볶은 재료를 냄비 한쪽으로 밀어두고 방울토마토를 올린 후 올리브 오일을 한 번 더 두르고 볶는다. 소금을 한 꼬집 넣고 뚜껑을 덮어 수분이 나와 끓도록 익힌다.

4   ③에 바질 가루와 타임 가루를 넣고 모든 재료가 어우러지도록 섞은 후 20분 정도 토마토가 뭉그러지도록 끓여 토마토소스를 완성한다.

5   다른 팬을 달궈 버터를 녹인 후 반죽을 올려 크레이프를 2장 구운 다음 하나의 접시 위에 쌓아둔다. 구운 크레이프를 겹쳐두면 쉽게 식지 않아 크레이프의 식감이 부드럽다.

6   구운 크레이프에 ④의 토마토소스를 각각 올린 후 크레이프 양쪽 날개를 접어 덮은 다음 새 접시에 담는다. 콩테 치즈를 갈아 올리고 후춧가루를 뿌려 낸다.

Crêpes roulées à la sauce bolognaise façon lasagne

132

Tip

사진처럼 크레이프 위에 토마토소스를 올려 접어 먹어도 되고,
크레이프를 돌돌 말이 오븐 그릇에 담은 후 토마토소스와 모차렐라 치즈를 듬뿍 올려
오븐에 구워 그라탱으로 먹어도 된다.

해산물을 올린
매콤한 갈레트

삼면이 바다인 브르타뉴 지방은 해산물이 풍부해 다양한 해산물 요리
가 많다. 갈레트에 새우, 오징어를 올려 갈레트를 조금씩 뜯어 싸 먹는다.
시드르나 맥주 안주로 제격이다.

Ingredients

갈레트 반죽(14쪽 참조) 2국자
올리브 오일 약간

새우(중간 크기) 4~5마리
오징어(중간 크기, 또는 주꾸미나
문어) 1마리
양파·레몬 1/4개
대파 1/4대
풋고추·홍고추 1개씩
블랙 올리브 4~5개
올리브 오일 약간
타임 가루·딜·소금·후춧가루
약간씩

Cooking

1   새우는 머리를 떼고 등 쪽에 가위집을 내 내장을 제거한다. 오징어는
    깨끗이 손질해 데친 후 먹기 좋은 크기로 자른다.

2   양파는 올리브와 비슷한 크기로 깍둑썰기하고 대파, 풋고추, 홍고추
    는 어슷하게 썬다.

3   달군 팬에 올리브 오일을 두른 후 양파와 대파를 올려 센불에서 굽다
    가 익는 냄새가 나면 ①의 새우와 오징어, ②의 고추와 블랙 올리브
    를 올려 골고루 섞으며 볶는다.

4   ③에 타임 가루를 넣고, 소금으로 간한 후 후춧가루를 뿌린다.

5   달군 팬에 올리브 오일을 두르고 반죽을 올려 갈레트를 2장 구운 후
    1장씩 접시에 펼친다.

6   ⑤에 ④의 재료를 소복이 올린 후 레몬의 즙을 짜서 뿌리고 딜을 올
    려 낸다.

Tip   자숙 냉동 해산물을 사용하면 편리한데 이때도 끓는 물에 한 번 데쳐 쓰면 보다
안전하다. 새우 등에 가위집을 내두면 간도 잘 배고 식사할 때 껍데기를 까기도 좋다.

Galette épicée aux fruits de mer

135

배추전과 밤,
버섯을 올린
크레이프

프리카세는 잘게 썬 고기를 조려 만드는 프랑스의 육류 요리인데, 한 비건 프랑스 친구가 밤과 각종 채소들로 만들어준 적이 있었다. 그 맛이 인상적이어서 밤 철이 되면 만드는데 허브 대신 제철 버섯으로 맛을 내본다.

Ingredients

크레이프 반죽(14쪽 참조) 2국자
버터 약간

밤 200g
배춧잎(봄동) 4장
만가닥버섯 100g
잣 1큰술
올리브 오일·발사믹 식초 1큰술씩
물 4컵
설탕 50g
레몬즙
버터 1큰술씩
소금 한 꼬집

Cooking

1 냄비에 물 2큰술과 설탕, 레몬즙, 소금을 넣고 젓지 않은 채 그대로 둔다. 물이 끓기 시작하면 불을 낮춰 황금색 캐러멜이 될 때까지 두었다가 밤과 나머지 물을 추가해 센불로 올린다. 밤이 잘 익으면 버터를 추가해 약불에 15분 정도 은근히 졸인 후 소스를 따로 담아둔다.

2 달군 팬에 버터를 놓고 녹으면 반죽을 올려 크레이프를 2장 구워낸다.

3 ②의 달군 팬에 올리브 오일을 두른 후 손질한 배춧잎을 앞뒤로 살짝 구워낸다. 손질해 물기를 제거한 버섯도 식감이 유지될 정도로 앞뒤를 살짝 볶는다.

4 파스타 볼이나 접시에 크레이프를 1장씩 접어 담고, 구운 배춧잎을 2장씩 깐 다음 위에 ①의 밤과 ③의 버섯을 올린다. 잣과 ①의 소스를 솔솔 뿌리고 기호에 따라 발사믹 식초를 살짝 더하면 달콤하면서도 상큼한 맛이 난다.

 Tip 버섯은 향이 좋은 표고버섯도 어울리고, 후춧가루나 타임 가루를 뿌려도 좋다. 밤을 넉넉히 만들어 병에 소스와 함께 담아두면 다양한 음식에 사용할 수 있다.

Crêpe garnie de fricassée de marrons et champignons

137

타코 소를 넣은
갈레트

어느 연말 브르타뉴 출신 친구 집에 초대를 받아 갔는데 타코 안주가
나왔다. 타코인 줄 알고 먹었는데 뭔가 구수한 맛이 특별했다. 물어보니
매운맛을 좋아해서 갈레트 속에 타코 소를 즐겨 넣는다고 알려줬다.

Ingredients

갈레트 반죽(14쪽 참조) 3국자
올리브 오일 약간

양파 1/4개
파프리카 1/2개
토마토 2개(또는 방울토마토 8개)
초리소(또는 매운 소시지) 1개
블랙 올리브 5개
할라페뇨(또는 청양고추) 3~4개
핫소스 1큰술
고수잎 한 줌
올리브 오일 적당량
소금 한 꼬집

Cooking

1 달군 팬에 올리브 오일을 두르고 반죽을 1 1/2국자씩 올려 갈레트 2장
   을 조금 도톰하게 바싹 굽는다. 접시에 갈레트를 1장씩 올려 식힌다.

2 양파와 파프리카는 사방 0.5cm 크기로 깍둑썰기하고, 토마토는 4~6
   등분한다.

3 초리소는 칼로 대강 다지거나 가위로 잘라두고, 블랙 올리브와 할라
   페뇨는 슬라이스한다.

4 달군 팬에 올리브 오일을 두른 후 ②의 양파와 파프리카를 볶는다.
   양파가 투명해지면 토마토를 넣고 볶다가 숟가락으로 으깨고 소금 한
   꼬집을 뿌린다.

5 ④를 중불로 계속 볶다가 ③의 초리소를 넣은 후 핫소스를 넣고 섞는
   다. 토마토 국물이 졸아 물기가 없어지면 불을 끄고 마무리한다.

6 ①의 갈레트를 팬에 올려 한 번 더 바삭하게 구워 도마나 큰 접시에
   1장을 펼쳐 올리고 ⑤의 소스를 넓게 펴 바른 후 ③의 블랙 올리브와
   할라페뇨를 고루 뿌린다.

7 ⑥ 위에 갈레트를 1장 덮은 후 칼이나 피자 커터로 피자처럼 자르고
   고수잎을 뿌려 낸다.

139

Tip

자른 토마토를 익히다가 숟가락으로 으깨고 소금을 뿌리면 물기가 나와
소스 역할을 한다. 토마토 대신 홀 토마토 캔을 써도 된다.

PART
6

애피타이저부터 디저트까지,
파티를 위한 크레이프

Apértifs,
Desserts,
faire la Fête

미니 크레이프
카나페 플래터

카나페는 재료에 따라 다양한 색감의 조화를 즐길 수 있고, 만들기는 어렵지 않지만 손님으로 하여금 대접받는 기분이 들게 하는 메뉴다. 그런 기분을 떠올리며 즐겁게 카나페를 만들곤 한다.

Plateau de mini crêpes canapés

Ingredients

크레이프 반죽(14쪽 참조) 2국자
올리브 오일 약간

래디시·달걀 1개씩
방울토마토 2개
하몽(또는 프로슈토) 1줄
훈제연어 2장
리코타 치즈·페타 치즈·선
드라이드 토마토 1큰술씩
파르메산 치즈(간 것) 적당량
미니 브리 치즈 2개
허브(차이브, 타임, 민트잎, 타임,
딜, 바질 등)·핑크 페퍼콘 약간씩
올리브 오일·소금·후춧가루 약간씩

에그 팬(4구)

카나페는 즉석에서 만들 수 있는
간단한 애피타이저다. 리코타
치즈나 크림치즈를 바른 후
과일이나 채소를 올리면 대체로
잘 어울린다. 프루츠 케이퍼, 핑크
페퍼콘, 각종 허브를 곁들이면
카나페가 한결 돋보이고 풍미도
좋다.

Cooking

1   에그 팬이나 미니 핫케이크 팬에 올리브 오일을 살짝 두르고 반죽을 올려 크레이프를 작게
     여러 장 굽는다.

2   채소들은 모두 씻어서 손질해둔다. 래디시는 반으로 자르고, 허브는 다지거나 잎을 뗀다.

3   달걀은 에그 팬에 올려 동그란 모양으로 프라이 한다.

4   달군 팬에 올리브 오일을 두르고 방울토마토를 올려 통으로 굽는다.

5   미니 크레이프에 리코타 치즈→래디시→다진 허브→소금·후춧가루, 달걀→소금·후춧가
     루→다진 허브(차이브), 하몽→허브(타임)→후춧가루, 선 드라이드 토마토→다진 허브
     (민트)→파르메산 치즈 간 것, 페타 치즈→훈제연어→허브(딜)→핑크 페퍼콘 부순 것, 브
     리 치즈→방울토마토→허브(바질) 등으로 다양하게 조합해 카나페를 만든다.

훈제연어
아스파라거스
롤 크레이프

훈제연어와 아스파라거스는 프랑스에서 국민 안주처럼 애용하는 조합이다. 토핑으로 연어를 올릴 때는 크레이프를 버터를 둘러 구우면 더 맛있다.

Ingredients

✎
크레이프 반죽(14쪽 참조) 2국자
버터 약간

✎
훈제연어 4~6조각
아스파라거스(크기에 따라) 4~8개
리코타 치즈 2~4큰술
레몬 1/2개
올리브 오일 적당량
소금 약간

Cooking

1   달군 팬에 버터를 올려 녹으면 반죽을 올려 중불로 크레이프 2장을 구워내 도마에 올린다.

2   아스파라거스는 딱딱한 끝부분을 잘라낸다. 달군 팬에 올리브 오일을 두른 후 아스파라거스를 굴려가며 아삭하게 구운 다음 소금을 살짝 뿌린다.

3   구운 크레이프 1장의 중앙에 리코타 치즈 1~2큰술을 올려 숟가락으로 살살 편 후 그 위에 훈제연어 2~3조각과 ②의 아스파라거스 2~4개를 올린다. 같은 방법으로 1개를 더 만든다.

4   레몬 1/2개를 다시 반으로 갈라 ③의 토핑 위에 즙을 내 뿌린 다음 크레이프를 김밥처럼 돌돌 만다. 말아놓은 크레이프를 1.5~2cm 폭으로 잘라 접시에 담고 나머지 레몬을 곁들여 낸다.

150

Tip

김밥을 쌀 때처럼 속 재료는 중앙에 올리고, 김밥 끝에 물이나 밥풀을 바르듯
리코타 치즈를 발라 말면 롤이 쉽게 풀리지 않는다.

미니 크레이프
카나페

식전에 내는 아뮈즈 부슈나 파티의 핑거 푸드로 자주 등장하는 카나페
에 나는 크래커 대신 크레이프를 작은 사이즈로 구워 활용한다. 카나페
용 크레이프는 조금 도톰하게 굽는다.

Ingredients

크레이프 반죽(14쪽 참조) 2국자
올리브 오일 약간

하몽 4장
크림치즈 4큰술
그린 샐러드 채소 약간

에그 팬(4구)
꼬치(고정용) 4개

Cooking

1   에그 팬을 달군 후 오일을 두르지 않고 반죽을 올려 중불로 미니 크레
    이프 4장을 작고 도톰하게 굽는다.
2   ①의 미니 크레이프에 위에 각각 크림치즈 1큰술→그린 샐러드 채소
    약간→하몽 1장 순으로 올려 꼬치로 고정한다. 이때 하몽은 보기 좋
    은 모양으로 접어 올려 고정한다.

Tip   카나페 재료는 다양하게 변화를 줄 수 있다. 훈제연어, 안초비, 정어리 등을 올
려도 좋다.

152

Mini crêpes canapés

153

여러 가지 치즈와
당근 콩피 플래터

콩피(confit)는 채소나 과일에 설탕 시럽을 넣고 졸이거나 오리 요리처럼 기름에 조림요리 방법을 말한다. 프랑스에는 콩피 요리가 다양한데, 주로 과일 콩피는 디저트로, 채소 콩피는 애피타이저로 먹는다.

Ingredients

크레이프 반죽(14쪽 참조) 1국자
갈레트 반죽(14쪽 참조) 1국자
올리브 오일 약간

여러 가지 치즈·여러 가지 구운
견과류 적당량
그린 올리브 5~6알
민트잎 약간

당근 콩피
당근 1개
소금 1꼬집
물 1/2컵
설탕·버터 1큰술씩
발사믹 식초·레몬즙 1작은술씩

Cooking

1   당근은 채칼이나 칼로 곱게 채 썰어 냄비에 담고 소금을 넣은 후 물과 설탕을 넣고 센불로 끓인다.

2   끓기 시작하면 중불로 내려 저어가며 10분 정도 끓이다가 버터를 넣는다. 발사믹 식초, 레몬즙을 넣고 10분 정도 더 졸여 거의 국물이 없어지면 불을 끈다.

3   달군 팬에 올리브 오일을 두르고 반죽을 올려 크레이프와 갈레트를 1장씩 구워 도마에 올린 후 한 김 식힌다. 모두 4등분해 먹기 좋은 크기로 접어 넓은 접시에 섞어 담는다.

4   ③의 크레이프 위에 다양한 치즈를 먹기 좋은 크기로 자르거나 손으로 부숴 올리고 ②의 당근 콩피를 올린다. 그린 올리브와 견과류를 뿌리고 민트잎을 올린다. 작은 볼에 각종 치즈와 올리브, 당근 콩피, 민트잎을 따로 담아 함께 곁들여 낸다.

Tip   치즈는 브리·페타·콩테·블루·크림치즈 등을, 견과류는 호두·아몬드·잣·헤이즐넛 등을 다양하게 준비한다. 당근 대신 제철 과일로 콩피를 만들어 올려도 좋다.

Plateau de crêpes au fromage avec carottes confites

155

내가 좋아하는
코코넛 크레이프

35년 전에 처음 만난 크레이프는 코코넛 플레이크 크레이프였다. 기본 크레이프에 추가 비용을 내면 설탕과 코코넛을 뿌려줬는데, 그 달콤하고 사각사각 씹히는 맛에 빠져 지금까지도 즐기다 보니 우리 집에는 늘 코코넛이 떨어지지 않는다.

Ingredients

시판용 크레이프(페이장 브레통)
4장

초콜릿 시럽 적당량
코코넛 플레이크 4큰술

Cooking

1   큰 접시에 크레이프를 펼치고 초콜릿 시럽을 중앙에서 3분의 2 정도 면적까지 펴 바른다.

2   크레이프 양쪽 끝을 안쪽으로 접어 긴 직사각형 모양으로 만든 후 돌돌 만다.

3   ②를 반으로 자른 후 코코넛 플레이크를 듬뿍 뿌려 낸다.

Crêpes à la noix de coco et à la sauce au chocolat

157

158

Tip

우리나라 시판 크레이프는 달콤한 맛만 판매한다.
초콜릿 시럽이 없으면 설탕을 뿌려 접어도 된다.
설탕이 사각사각 씹히는 식감도 재미있다.

캐러멜 소스
누텔라
롤 크레이프

집에 흔히 있는 잼이나 버터를 크레이프에 발라 김밥처럼 돌돌 말아 내면 파티 핑거 푸드나 아이들 간식으로 좋다. 이 메뉴의 가장 큰 매력 은 만들기가 매우 간단하는 것!

Ingredients

크레이프 반죽(14쪽 참조) 2국자
버터 약간

솔티드 버터 캐러멜 소스
(30쪽 참조) 2큰술
시판 누텔라 2큰술
설탕 약간

꼬치(고정용)

Cooking

1 달군 팬에 버터를 올려 녹으면 반죽을 올려 중불에서 크레이프를 구운 후 도마 위에 올려놓는다.

2 ①의 크레이프 위에 솔티드 버터 캐러멜 소스와 누텔라를 넓게 펼쳐 바르고 설탕을 솔솔 뿌린 후 김밥 말듯이 돌돌 만다.

3 ②를 1cm 폭으로 썰어 접시에 담아 낸다.

Crêpes roulées au beurre de caramel et aux noisettes

161

Tip

크레이프 면적에 3분의 1 정도 소스를 바르면 간이 적당하다.

만두피로 만든
컵 크레이프

저녁 초대를 받아 프랑스 친구 집에 가면 크레이프를 복주머니처럼 만들거나 머핀 틀에 구워 오목하게 내는 장면을 마주치곤 했다. 나는 오목한 크레이프에 필링을 그득 올린 것이 예뻐서 이렇게 저렇게 궁리하다가 만두피를 활용해보았다.

Ingredients

왕만두피(냉동) 6장
버터(또는 올리브 오일) 약간

크림치즈(또는 사워크림) 4큰술
캔 참치 2큰술
데친 시금치 2큰술
레몬 1/2개
핑크 페퍼콘 약간

미니 머핀 틀

Cooking

1   만두피는 실온에 잠깐 두어 녹으면 1장씩 떼어내 한쪽 면에 버터나 올리브 오일을 살짝 발라둔다.

2   머핀 틀에 ①의 만두피를 끼워 넣고 160~170℃로 예열한 오븐에 7~8분 정도 구워 틀째 그대로 꺼내 식힌다.

3   볼에 크림치즈를 담고 참치를 넣어 살살 섞은 후 데친 시금치를 송송 썰어 넣고 섞어둔다.

4   레몬 1/2개를 다시 반으로 잘라 반은 ③에 즙을 내 뿌리고, 반은 슬라이스한다.

5   ①의 식은 만두피에 ③을 담고 머핀 틀에서 꺼내 접시에 담은 후 슬라이스한 레몬을 올린 다음 핑크 페퍼콘을 손으로 부수며 뿌려 낸다.

165

166

Tip

오븐마다 화력 차이가 있으니 만두피가 타지 않도록 중간중간 살피며
온도와 시간을 조절한다. 참치 대신 연어나 햄을 썰어 넣어도 좋다.

삼색 미니 크레이프

파티 분위기를 산뜻하게 하기 위해 크레이프에 컬러를 더했다. 마치 오색 떡국 떡이나 시금치즙을 섞어 초록 수제비를 만들듯이 말이다. 화이트 와인이나 샴페인 안주로 어울린다.

Ingredients

크레이프 반죽(14쪽 참조) 3국자
강황 가루(또는 치자 가루)·
녹찻가루·자색고구마 가루
1작은술씩
물 적당량

크림치즈 9큰술
견과류(구운 잣 또는 구운 호두)·
말린 과일(건포도 또는 건라즈베리)
약간씩

Cooking

1 크레이프 반죽을 작은 볼 3개에 나눠 담고 강황 가루, 녹찻가루, 자색고구마 가루를 각 볼에 1작은술씩 넣어 섞는다. 물을 조금씩 넣어가며 숟가락을 떴을 때 주루룩 흘러내릴 정도로 농도를 맞춘다.

2 달군 팬에 오일을 두르지 않고 중불에서 5cm 지름이 되도록 작은 국자나 숟가락으로 반죽을 올린 후 숟가락 뒷면으로 살살 돌려가며 둥글게 모양을 잡는다. 크레이프를 색깔별로 3장씩 굽는다.

3 접시에 ②를 담고 크림치즈에 견과류와 말린 과일을 뿌려 곁들며 낸다. 크레이프 1장에 크림치즈 1큰술씩 올리고 견과류와 말린 과일을 뿌려서 내도 된다.

Tip 구절판처럼 굽는 미니 크레이프다. 팬을 잘 달군 후 반죽을 올려야 달라붙지 않는다. 처음 1~2장을 시험하듯 구워보면 요령을 터득할 수 있다.

168

Mini crêpes aux trois couleurs

169

단팥을 곁들인
말차 크레이프

디너를 코스로 준비할 때 디저트로 케이크보다 단팥을 곁들인 크레이프를 낸다. 크레이프는 말찻가루를 섞어 굽고, 팥을 삶아 생크림과 함께 곁들이면 오리엔탈풍 디저트가 된다.

Ingredients

크레이프 반죽(14쪽 참조) 2국자
말찻가루 2작은술
물(또는 우유) 적당량
버터 약간

팥 2컵
설탕 1/2컵
시나몬 가루 1/2큰술
생크림(또는 리코타 치즈) 2큰술
소금·구운 아몬드 약간씩

Cooking

1   팥은 슬쩍 씻어서 냄비에 담고 잠기도록 물을 부어 끓인다. 물이 끓기 시작한 뒤로 5분 정도 더 끓인 후 체에 밭쳐 첫물을 버린다.

2   냄비에 ①의 팥과 찬물 1리터를 넣고 다시 끓인다. 물이 끓기 시작하면 중불로 낮춰 1시간 정도 삶는다.

3   팥이 으깨질 정도로 삶아지면 설탕, 소금, 시나몬 가루를 넣고 한 번 더 팔팔 끓인 다음 숟가락이나 감자 매셔로 으깨 식힌다.

4   크레이프 반죽에 말찻가루를 넣고 거품기로 골고루 섞은 후 물이나 우유를 섞어 농도를 맞춘다.

5   달군 팬에 버터를 놓고 녹인 후 ④의 반죽을 올려 크레이프를 2장 구워 접시에 1장씩 담는다.

6   생크림을 볼에 담은 후 거품기로 단단해질 정도로 젓고, 아몬드는 칼로 대강 다진다.

7   ⑤의 크레이프 위에 ③의 팥과 ⑥의 생크림을 듬뿍 올리고 크레이프를 접은 후 아몬드를 뿌려 낸다.

Crêpe au matcha, thé vert et aux haricots rouges

훈제연어 아보카도
크레이프 케이크

서래마을에 살 때 프랑스인 이웃의 파티에 초대받은 적이 있다. 내가
조금 일찍 도착했는데 집주인이 크레이프를 정말 산처럼 쌓으며 굽고
있었다. 크레이프를 엄청 많이 구워 돌돌 말기도 하고, 다양한 모양으
로 접기도 하고, 층층이 쌓아 케이크도 만들었다.

Ingredients(4인분)

크레이프 반죽(14쪽 참조) 6국자
버터 약간

훈제연어 6~8장
아보카도·토마토 1개씩
크림치즈(또는 리코타 치즈)
적당량
올리브 오일 1큰술
그린 샐러드 채소·허브 약간씩

Cooking

1 달군 팬에 버터를 녹이고 크레이프 반죽을 올려 원하는 케이크 크기
   로 6~8장 정도를 굽는다.

2 아보카도는 반으로 갈라 숟가락을 이용해 껍질에서 속을 꺼내 최대
   한 얇게 슬라이스한다. 토마토도 얇게 슬라이스한다.

3 ①의 크레이프 각 장 한쪽 면에 크림치즈를 펴 바르고 접시에 크레
   이프→훈제연어→크레이프→아보카도→크레이프→토마토 식으로
   반복하여 쌓는다.

4 ③의 크레이프 케이크 위에 그린 샐러드 채소를 올리고 올리브 오
   일을 두른 후 허브를 뿌려 마무리한다.

 Tip 크림치즈 대신 리코타 치즈를 바를 경우에는 소금과 후춧가루를 뿌리면 더 맛
있다. 치즈와 함께 마요네즈를 중간중간 발라도 맛있다.

172

Mille-feuille de crêpes au saumon fumé et à l'avocat

173

레몬 크림
크레이프 케이크

1990년대 중반 정도로 기억하는데 '카페 라리'에서 크레이프 케이크를 처음으로 선보였다. 당시 그 크레이프 케이크를 위에서부터 1장씩 말아 먹느냐 통으로 잘라 먹느냐를 두고 의견이 분분했다는 에피소드도 전해 들었다. 정답을 말하자면, 잘라 먹는 게 프랑스의 방법이다!

Ingredients(4인분)

크레이프 반죽(14쪽 참조) 4~5국자
버터 약간

생크림(또는 크림치즈)·
레몬 마멀레이드(또는 레몬 커드)
적당량
무화과(장식용) 1/2개
민트잎·구운 아몬드 약간씩

Cooking

1   달군 팬에 버터를 녹이고 크레이프 반죽을 올려 지름 15cm 정도의 호떡 크기로 구워 8~10장 준비한다.

2   접시에 크레이프를 1장씩 올리고 생크림→레몬 마멀레이드→크레이프→생크림→레몬 마멀레이드 순으로 얇게 펴 바르며 층층이 쌓는다.

3   마지막 장은 생크림과 레몬 마멀레이드를 좀 더 듬뿍 바르고 옆면에 흘러나온 크림과 잼을 스프레더로 정리한다.

4   무화과를 4분의 1로 잘라 올리고 민트잎을 장식한 후 구운 아몬드를 대강 부숴 뿌려 낸다.

Tip   요즘은 시판 레몬 마멀레이드나 레몬 커드 제품도 구하기 쉽다. 레몬 마멀레이드 대신 감귤, 오렌지, 자몽 마멀레이드를 이용해도 괜찮다.

Gâteau de crêpes au citron

175

크리스마스트리 케이크

아이 친구들과 함께 두툼한 초콜릿 크레이프를 구워 트리 모양으로 잘라 나눠주며 '공작 시간'을 가져본 적이 있다. 꼬마들이 집중해서 만들던 사랑스러운 모습이 기억난다. 온 가족이 모여 크리스마스트리 케이크를 만드는 시간을 함께해보기를!

Ingredients

크레이프 반죽(14쪽 참조) 2국자
코코아 가루 2~3큰술
버터 약간

장식용 과자(프레첼, 별사탕, 새알 초콜릿 등) 적당량
슈거 파우더 적당량

나뭇가지나(또는 스틱)
유산지

Cooking

1 크레이프 반죽에 코코아 가루를 넣고 잘 섞는다. 이때 코코아 가루의 단맛 여부는 취향에 따라 조절한다.

2 팬을 달구고 나서 불을 최대한 낮춘 후 버터를 녹이고 반죽을 올려 윗부분에 송송 구멍이 보일 때까지 10분 정도 둔다.

3 접시나 도마 위에 유산지를 깐다.

4 팬에서 굽는 냄새가 나면 불을 끄고 1~2분 후에 넓은 뒤집개로 떠올려 접시나 도마 위에 올려놓는다. 완전히 식으면 8등분으로 자른다.

5 프레첼, 별사탕, 새알 초콜릿, 슈거 파우더 등 다양한 재료로 마음껏 장식하고 나뭇가지를 꽂아 낸다.

177

178

Tip

반죽에 코코아 가루, 설탕 등 당분이 들어가면 쉽게 타기 때문에
최대한 낮은 온도로 오래 구워야 한다.

초콜릿 듬뿍,
크리스마스
미니 케이크

음식을 만들 때는 정성과 마음이 중요하다. 한창 바빴던 시절, 미리 케이크나 디저트를 준비하지 못했을 때 대접을 소홀히 할 수 없어 미니 크레이프를 호떡 크기로 도톰하게 구워 초콜릿을 발라 케이크를 만들어 냈다. 반응이 좋아 지금도 자주 활용하는 편이다.

Ingredients(4인분)

크레이프 반죽(14쪽 참조) 4~5국자
코코아 가루 1~2큰술
버터 약간

초콜릿 스프레드(또는 누텔라)
적당량
슈거 파우더·빨간 열매(장식용)
약간씩

미니 팬
(지름 10~12cm)

Cooking

1 크레이프 반죽에 코코아 가루를 추가해 넣고 골고루 섞는다. 도톰하게 구울 것이라 반죽이 흐를 정도가 아니어도 괜찮다.

2 미니 팬을 달궈 버터를 살짝 바르고 ①의 크레이프 반죽을 올려 작고 약간 도톰하게 여러 장 굽는다. 이때 약불로 서서히 구워야 한다.

3 크레이프를 식힌 후 사이사이에 초콜릿 스프레드를 발라가며 쌓는다. 빨간 열매로 장식하고 슈거 파우더를 뿌려 낸다.

 Tip 크레이프가 식지 않은 채로 초콜릿 스프레드를 바르면 녹아 흘러내리니 주의한다. 코코아 파우더는 당분이 안 들어간 것을 선택하면 진해서 더 맛있다.

Gâteau de crêpes riche en chocolat

Index

183

나의 프랑스식 팬케이크

Crêpes

크레이프

초판 1쇄 발행 2024년 4월 15일

지은이 이선혜

펴낸곳 브.레드
책임 편집 이나래
교정·교열 전남희
사진 스튜디오 일오 이과용
디자인 아트퍼블리케이션 디자인 고흐
마케팅 김태정
인쇄 ㈜상지사 P&B

출판 신고 2017년 6월 8일 제2017-000113호
주소 서울시 중구 퇴계로 41길 39 703호
전화 02-6242-9517 | **팩스** 02-6280-9517
이메일 breadbook.info@gmail.com

b.read 브.레드는 라이프스타일 출판사입니다. 생활, 미식, 공간, 환경, 여가 등
개인의 일상을 살피고 삶을 풍요롭게 하는 이야기를 담습니다.